"十四五"职业教育国家规划教材

数字电子技术项目仿真与工程实践

李云庆　主　编

嵇丽丽　李　康　徐慧华　副主编

电子工业出版社

Publishing House of Electronics Industry

北京·BEIJING

内 容 简 介

本书充分发挥中德合作优势，以德国技术员学校"电子技术"课程数字部分教学大纲为依据，借鉴技术员学校对电子技术课程学习领域的划分方式，将数字电子技术课程划分为门电路、组合逻辑电路、时序逻辑电路、A/D 和 D/A、可编程逻辑控制器几个学习领域，结合国内教学特点和项目式教学法通过粮仓报警系统、8 路声光报警器、数字温度警报器、数控直流电动机调速系统、用 Verilog HDL 语言实现译码器等项目使每个学习领域的知识得以应用，通过每个项目的实施将理论知识、设计应用、工程实践融入其中。本书充分发挥项目引领、任务驱动的优势，弥补传统教学方法在该课程教学中理论教学抽象复杂、教学效果差的缺陷。每个学习领域的设计分为项目引入、项目分析、项目实现和项目扩展，使读者在实践过程中掌握专业技能知识。同时本书在编写过程中引入了 Proteus 仿真软件的应用，在教学过程中直观地反映出电路的特点和应用，提高对数字电路的理解和应用能力。

本书可作为职业院校电类相关专业教学用书。

图书在版编目（CIP）数据

数字电子技术项目仿真与工程实践 / 李云庆主编. —北京：电子工业出版社，2018.11
ISBN 978-7-121-35436-6

Ⅰ．①数…　Ⅱ．①李…　Ⅲ．①数字电路－电子技术－职业教育－教材　Ⅳ．①TN79

中国版本图书馆 CIP 数据核字（2018）第 255435 号

策划编辑：白　楠

责任编辑：白　楠　　　特约编辑：王　纲
印　　刷：北京虎彩文化传播有限公司
装　　订：北京虎彩文化传播有限公司
出版发行：电子工业出版社
　　　　　北京市海淀区万寿路 173 信箱　邮编　100036
开　　本：787×1 092　1/16　印张：17　字数：435.2 千字
版　　次：2018 年 11 月第 1 版
印　　次：2024 年 8 月第 11 次印刷
定　　价：38.50 元

凡所购买电子工业出版社图书有缺损问题，请向购买书店调换。若书店售缺，请与本社发行部联系，联系及邮购电话：（010）88254888，88258888。

质量投诉请发邮件至 zlts@phei.com.cn，盗版侵权举报请发邮件至 dbqq@phei.com.cn。

本书咨询联系方式：（010）88254592，bain@phei.com.cn。

前 言

　　本书以德国技术员学校电子技术课程数字部分教学大纲和内容为依据，借鉴德国技术员学校对电子技术课程学习领域的划分方式，将数字电子技术课程划分为门电路、组合逻辑电路、时序逻辑电路、A/D 和 D/A 转换器、可编程逻辑控制器几个学习领域。在中国共产党第二十次全国代表大会的报告中指出，科学社会主义在二十一世纪的中国焕发出新的蓬勃生机，中国式现代化为人类实现现代化提供了新的选择，中国共产党和中国人民为解决人类面临的共同问题提供更多更好的中国智慧、中国方案、中国力量，为人类和平与发展崇高事业作出新的更大的贡献！因此秉承党的"二十大"会议精神对全面建成社会主义现代化强国两步走战略安排进行宏观展望，科学谋划未来 5 年乃至更长时期党和国家事业发展的目标任务和大政方针，结合国内的教学特点和先进的项目式教学法，将每个学习领域中的理论知识、设计应用、工程实践融入更具有中国特色的实践项目中，充分发挥项目引导、任务驱动的优势。

　　本书中每个项目包含以下几个部分。

　　➤ 项目引入（提出问题）

　　通过生活中的实例，使学习者感性地认识每个学习领域中的知识点及其功用。

　　➤ 项目分析（分析问题）

　　通过分析元器件数据手册和电气特性并结合项目中的具体应用，展现每个学习领域中核心的电路知识点，并详细介绍如何把元器件、电子技术应用在实际当中。

　　➤ 项目实现（解决问题）

　　针对每一个学习领域都安排一个工程项目，通过对实际项目的实施，使学习者切实感受数字电子技术的功用，真正做到学以致用。

　　➤ 项目扩展（如何解决其他问题）

　　进一步引导和扩展知识点的应用，使学习者能够举一反三、灵活运用。

　　为了充分调动学习者的积极性，本书中还引入了先进的 Proteus 仿真软件，直观地反映电路的特点和应用，便于学习者在仿真过程中掌握电路设计思路，提高对仿真电路的理解和应用能力。

　　本书由上海电子信息职业技术学院李云庆担任主编，其中项目一和项目五由嵇丽丽编写，项目二由徐慧华编写，项目三由李云庆编写，项目四由李康编写。李云庆负责统稿和所有项目的制作调试与仿真。

　　由于编者水平有限，加之时间仓促，书中难免存在错误和不妥之处，敬请读者批评指正，编者的电子邮箱为 liyunq81@163.com。

编者

目　　录

粮仓报警装置控制系统设计

粮食存储管理非常重要，若有闪失，会给人们带来严重的健康问题，直接影响每个家庭的幸福，甚至影响整个国家的利益，所以做好粮食存储管理应放在国家战略高度。以我国为例，按照每人每天消耗 0.4kg 粮食计算，13.5 亿人一天大约要消耗 5.4×10^8kg 粮食，这是一个非常庞大的数字。在电子技术、数字技术出现之前，完全依靠人工管理粮仓是非常艰难的。本项目将应用数字电路中简单的与、或、非门电路，实现粮仓中粮食质量的实时监测。主要措施是在存储粮食的粮仓中放置报警装置，当粮食变质时，报警装置会向监控室发送报警信号，监控者可在监控室中同时监控多个粮仓的粮食状况，及时采取合理的措施。

【项目学习目标】

❖ 能认识项目中元器件的符号
❖ 能认识、检测及选用元器件
❖ 能查阅元器件手册并根据手册进行元器件的选择和应用
❖ 能分析电路的原理和工作过程
❖ 能对粮仓报警装置电路进行仿真分析和验证
❖ 能制作和调试粮仓报警装置电路
❖ 能文明操作，遵守实训室管理规定
❖ 能相互协作完成技术文档并进行项目汇报

【项目任务分析】

➢ 学习和查阅相关元器件的技术手册，进行元器件的检测，完成项目元器件检测表
➢ 通过对相关专业知识的学习，分析项目电路工作原理，完成项目原理分析表
➢ 在 Proteus 软件中进行项目仿真分析和验证，完成仿真分析表
➢ 按照安装工艺的要求进行项目装配及调试，并完成调试表
➢ 撰写项目制作与调试报告
➢ 项目完成后进行展示汇报及作品互评，完成项目评价表

【项目电路组成】

粮仓报警装置控制电路主要由报警传感器、与门、或门、非门、显示电路组成，粮仓工艺草图和监控室工艺草图分别如图 1-1 和图 1-2 所示，项目的总电路原理图如图 1-3 所示。

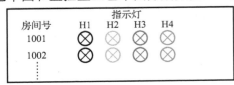

图 1-1　粮仓工艺草图

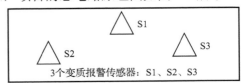

图 1-2　监控室工艺草图

数字电子技术项目仿真与工程实践

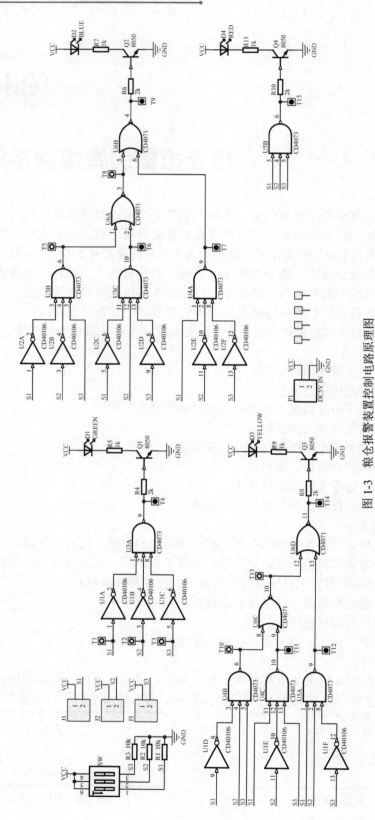

图 1-3　粮仓报警装置控制电路原理图

2

任务 1　粮仓报警装置控制电路工作原理分析

【学习目标】

（1）能认识常用的元器件符号。

（2）能分析粮仓报警装置控制模块电路的组成及工作过程。

（3）能对粮仓报警装置控制模块进行仿真。

【工作内容】

（1）认识数字芯片等元器件的符号。

（2）对组成模块的电路进行分析和参数计算。

（3）对粮仓报警装置控制模块电路进行仿真分析。

子任务 1　认识电路中的元器件

1. CD4073（3 输入端 3 与门）

CD4073 芯片包含 3 个独立门电路，每个门电路都能实现 3 端输入的与门功能。由表 1-1 可知，其逻辑功能为"有 0 出 0，全 1 出 1"，即只要 3 个输入端中有一个为 0，则输出 Y 就为 0；当输入全为 1 时，输出 Y 才为 1。

CD4073 有贴片和直插的封装形式，为了焊接方便，本项目中采用直插的封装形式，其 14 脚双列直插封装形式如图 1-4 所示。

CD4073 内部原理图如图 1-5 所示，其内部集成了 3 个 3 输入端与门。引脚 1、2、8、9 构成第一组 3 输入端与门，引脚 3、4、5、6 构成第二组 3 输入端与门，引脚 11、12、13、10 构成第三组 3 输入端与门，使用时应分清输入与输出端。芯片供电电压为 3～18V 直流电压。

表 1-1　3 输入端与门真值表

A	B	C	Y
0	0	0	0
0	0	1	0
0	1	0	0
0	1	1	0
1	0	0	0
1	0	1	0
1	1	0	0
1	1	1	1

图 1-4　CD4073 封装图

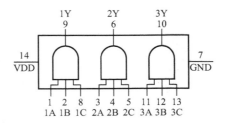

图 1-5　CD4073 内部原理图

2. CD4071（2 输入端 4 或门）

CD4071 芯片包含 4 个独立门电路，每个门电路都能实现 2 端输入的或门功能。由表 1-2 可知，其逻辑功能为"有 1 出 1，全 0 出 0"，即只要两个输入端中有一个为 1，则输出 Y 就为 1；当输入全为 0 时，输出 Y 才为 0。

表 1-2　2 输入端或门真值表

A	B	Y
0	0	0
0	1	1
1	0	1
1	1	1

CD4071 有贴片和直插的封装形式，为了焊接方便，本项目中采用直插的封装形式，其 14 脚双列直插封装形式如图 1-6 所示。

CD4071 内部集成了 4 个 2 输入端或门，其内部原理图如图 1-7 所示。由 CD4071 内部原理图可知，引脚 1、2、3 构成第一组 2 输入端或门，引脚 4、5、6 构成第二组 2 输入端或门，引脚 8、9、10 构成第三组 2 输入端或门，引脚 11、12、13 构成第四组 2 输入端或门，使用时应分清输入与输出端。芯片供电电压为 3～18V 直流电压。

图 1-6　CD4071 封装图

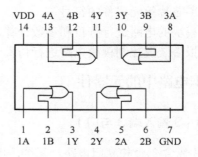

图 1-7　CD4071 内部原理图

3. CD40106（6 非门）

CD40106 芯片包含 6 个独立门电路，每个门电路都能实现 1 端输入的非门功能。由表 1-3 可知，其逻辑功能为"见 0 出 1，见 1 出 0"，即输入 A 和输出 Y 的逻辑状态正好相反。CD40106 有贴片和直插的封装形式，为了焊接方便，本项目中采用直插的封装形式，其 14 脚双列直插封装形式如图 1-8 所示。由图 1-9 可知，引脚 1、2，引脚 3、4，引脚 5、6，引脚 8、9，引脚 10、11，引脚 12、13 各构成一个非门电路，使用时应分清输入与输出端。芯片供电电压为 3～18V 直流电压。

表 1-3　非门真值表

A	B	Y
0	0	0
0	1	1

图 1-8　CD40106 封装图

图 1-9　CD40106 内部原理图

子任务 2　电路原理认知学习

粮仓报警装置控制电路原理图如图 1-3 所示，从图中可以看出，其由报警传感器输入电路、基本门电路和显示电路所组成。下面对这些电路进行分析。

1. 报警传感器输入电路

报警传感器输入电路主要包含 3 个过温传感器，这里用 3 个常开开关来模拟过温传感器，如图 1-10 所示。当检测到过温时，开关闭合，开关输出高电平，提示系统目前有过温警报。

2. 基本门电路

传感器都正常工作，无报警信号时的电路如图 1-11 所示，由图可知，该电路由 3 个非门和一个 3 输入端与门组成；只有一个传感器过温报警时的门电路如图 1-12 所示，由图可知，该电路由 6 个非门、3 个 3 输入端与门及两个 2 输入端或门组成；有两个传感器报警时的门电路如图 1-13 所示，由图可知，该电路由 3 个非门、3 个 3 输入端与门及两个 2 输入端或门组成；有三个传感器报警时的门电路如图 1-14 所示，由图可知，该门电路只需要一个 3 输入端与门就可以实现。因此，本项目共需 12 个非门电路、8 个 3 输入端与门电路和 4 个 2 输入端或门电路，这由总原理图也可看出。

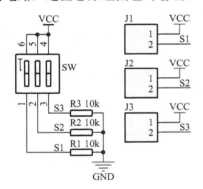

图 1-10 报警传感器输入电路

图 1-11 无传感器报警的门电路

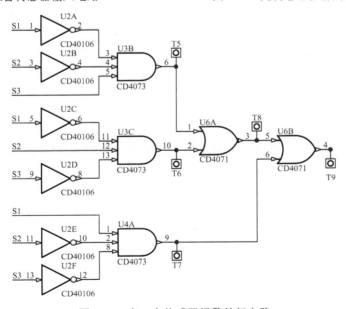

图 1-12 有一个传感器报警的门电路

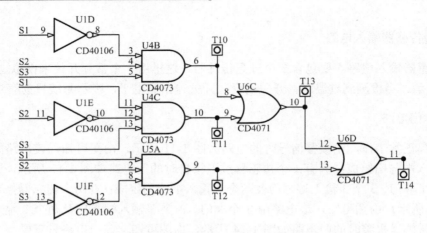

图 1-13 有两个传感器报警的门电路

3. 显示电路

当系统传感器都正常工作时，无过温报警信号，绿灯亮起；当一个传感器过温报警时，蓝灯亮起；当两个传感器过温报警时，黄灯亮起；当三个传感器同时过温报警时，红灯亮起。4 种报警显示的 LED 电路结构相同，此处仅以绿灯显示电路为例，如图 1-15 所示，三极管 Q1 构成显示电路的开关。

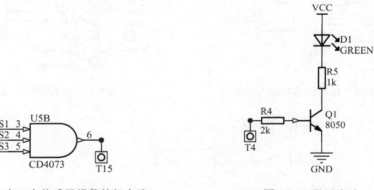

图 1-14 有三个传感器报警的门电路   图 1-15 显示电路

任务 2 粮仓报警装置控制电路项目仿真分析与验证

【学习目标】

（1）能利用 Proteus 软件对粮仓报警装置控制电路进行绘制和仿真。

（2）能分析和验证电路的工作流程和实现方法。

（3）能对各关键点的信号进行分析和检测。

（4）遇到电路故障时能够分析、判断和排除故障。

【工作内容】

（1）利用 Proteus 软件对各模块电路进行绘制和仿真。

（2）通过软件仿真完成对电路功能的验证。

（3）分析和测试各关键点信号。

（4）分析和排除故障。

子任务 1　传感器输入电路仿真

1. 绘制电路图

在 Proteus 软件中完成图 1-16 所示的粮仓报警传感器仿真电路，完成仿真分析相应的检测表。

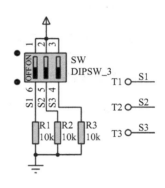

2. 仿真记录

启动仿真，当 S1 不动作或者动作时，测量 U_{T1}，并判断其高/低电平状态；当 S2 不动作或者动作时，测量 U_{T2}，并判断其高/低电平状态；当 S3 不动作或者动作时，测量 U_{T3}，并判断其高/低电平状态。将结果填写在表 1-4 中。

图 1-16　报警传感器仿真电路

表 1-4　报警传感器电路仿真记录表

	U_{T1} 理论值	U_{T1} 测量值	U_{T1} 高/低电平		U_{T2} 理论值	U_{T2} 测量值	U_{T2} 高/低电平		U_{T3} 理论值	U_{T3} 测量值	U_{T3} 高/低电平
S1 不动作				S2 不动作				S3 不动作			
S1 动作				S2 动作				S3 动作			

子任务 2　绿灯电路仿真

1. 绘制电路图

在 Proteus 软件中完成图 1-17 所示的绿灯仿真电路，完成仿真分析相应的检测表。

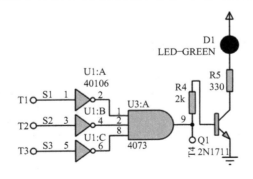

图 1-17　绿灯仿真电路

2. 仿真记录

启动仿真，当 S1、S2、S3 都不动作时，计算并测量 U_{T4}，判断其高/低电平状态，将结果填写在表 1-5 中。

表 1-5　绿灯电路仿真记录表

	计算值	测量值	高/低电平
U_{T4}			

子任务 3　蓝灯电路仿真

1. 绘制电路图

在 Proteus 软件中完成图 1-18 所示的蓝灯仿真电路，完成仿真分析相应的检测表。

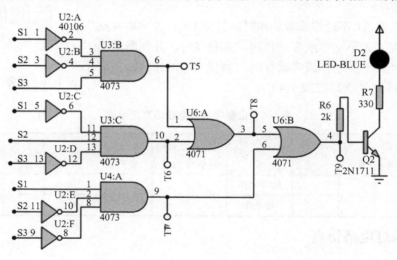

图 1-18　蓝灯仿真电路

2. 仿真记录

启动仿真，当 S1、S2、S3 中只有一个动作时，计算并测量 U_{T5}、U_{T6}、U_{T7}、U_{T8}、U_{T9}，判断其高/低电平状态，将结果填写在表 1-6 中。

表 1-6　蓝灯电路仿真记录表

只有 S1 动作	计算值	测量值	高/低电平	只有 S2 动作	计算值	测量值	高/低电平	只有 S3 动作	计算值	测量值	高/低电平
U_{T5}				U_{T5}				U_{T5}			
U_{T6}				U_{T6}				U_{T6}			
U_{T7}				U_{T7}				U_{T7}			
U_{T8}				U_{T8}				U_{T8}			
U_{T9}				U_{T9}				U_{T9}			

子任务 4　黄灯电路仿真

1. 绘制电路图

在 Proteus 软件中完成图 1-19 所示的黄灯仿真电路，完成仿真分析相应的检测表。

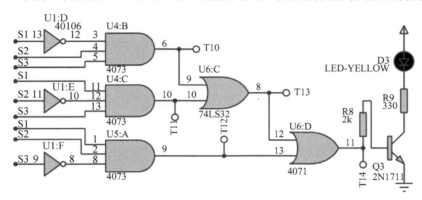

图 1-19　黄灯仿真电路

2. 仿真记录

启动仿真，当 S1、S2、S3 中有两个动作时，计算并测量 U_{T10}、U_{T11}、U_{T12}、U_{T13}、U_{T14}，判断其高/低电平状态，将结果填写在表 1-7 中。

表 1-7　黄灯电路仿真记录表

S1、S2 动作	计算值	测量值	高/低 电平	S1、S3 动作	计算值	测量值	高/低 电平	S2、S3 动作	计算值	测量值	高/低 电平
U_{T10}				U_{T10}				U_{T10}			
U_{T11}				U_{T11}				U_{T11}			
U_{T12}				U_{T12}				U_{T12}			
U_{T13}				U_{T13}				U_{T13}			
U_{T14}				U_{T14}				U_{T14}			

子任务 5　红灯电路仿真

1. 绘制电路图

在 Proteus 软件中完成图 1-20 所示的红灯仿真电路，完成仿真分析相应的检测表。

2. 仿真记录

启动仿真，当 S1、S2、S3 都动作时，计算并测量 U_{T15}，判断其高/低电平状态，将结果填写在表 1-8 中。

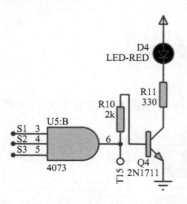

图 1-20　红灯仿真电路

表 1-8　红灯电路仿真记录表

	计算值	测量值	高/低电平
U_{T15}			

子任务 6　综合仿真

1.　绘制电路图

在 Proteus 软件中完成图 1-21 所示的粮仓报警装置控制系统仿真电路，完成仿真分析相应的检测表。

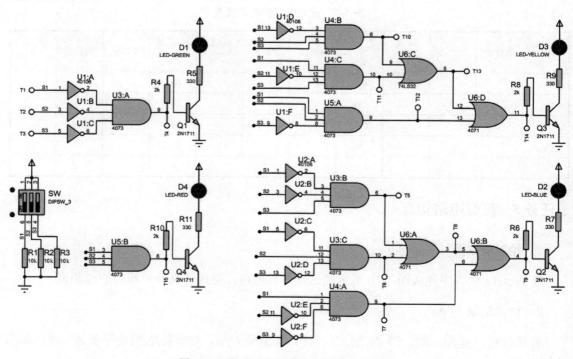

图 1-21　粮仓报警装置控制系统仿真电路

2. 仿真记录

启动仿真，记录输入、输出的电平状态。当模拟传感器开关动作时，为高电平状态，其逻辑值为 1；未动作时，为低电平状态，其逻辑值为 0。改变 S1、S2、S3 的开关状态，记录输出 LED 的状态。灯亮时，为高电平状态，其逻辑值为 1；灯灭时，为低电平状态，其逻辑值为 0。完成表 1-9。

表 1-9　综合仿真记录表

输入信号逻辑状态			输出信号逻辑状态			
S1	S2	S3	D1（绿灯）	D2（蓝灯）	D3（黄灯）	D4（红灯）
0	0	0				
0	0	1				
0	1	0				
0	1	1				
1	0	0				
1	0	1				
1	1	0				
1	1	1				

任务 3　粮仓报警装置控制电路元器件的识别与检测

【学习目标】

（1）能对电阻、开关进行识别和检测。

（2）能检测发光二极管、三极管的好坏与性能。

（3）能识别项目中所用到的数字芯片的引脚及型号。

【工作内容】

（1）通过色环或标志识别电阻，并用万用表进行检测。

（2）用万用表检测发光二极管、三极管的好坏。

（3）识别数字芯片的引脚及型号。

（4）填写识别与检测表。

子任务 1　电阻和开关的识别与检测

根据以前所学知识，识别本项目所用的电阻、模拟传感器开关，借助测量工具对其进行测量并判断其好坏，完成表 1-10。

表 1-10　电阻与开关检测表

元件	电气符号	类型	封装	标示值	参数	测量值	好/坏	数量
电阻								
开关								

子任务 2   发光二极管和三极管的识别与检测

根据以前所学知识，识别本项目所用的发光二极管和三极管，用万用表检测其质量并判断其好坏，完成表 1-11。

表 1-11   晶体管类元件检测表

元件	电气符号	类型	封装	标示值	引脚分布	测量值	好/坏	数量
发光二极管								
三极管								

子任务 3   芯片的识别

识别本项目中所用到的芯片，将识别结果记录在表 1-12 中。

表 1-12   芯片识别表

元件	封装	标示值	引脚定义	数量
CD4073				
CD4071				
CD40106				

任务 4   粮仓报警装置控制电路的装配与调试

【学习目标】

（1）能够按工艺要求装配粮仓报警装置控制模块电路。

（2）能够调试粮仓报警装置控制模块电路，使其正常工作。

（3）能够写出制作与调试报告。

【工作内容】

（1）装配粮仓报警装置控制模块电路。

（2）调试粮仓报警装置控制模块电路。

（3）撰写制作与调试报告。

实施前准备以下物品。

（1）常用电子装配工具。

（2）万用表、直流稳压源。

（3）配套元器件与 PCB 板，元器件清单见表 1-13。

表 1-13　元器件清单

标号	参数	封装	数量	标号	参数	封装	数量
R1，R2，R3	4.7k	AXIAL0.3	3	D1	绿 5mm	LED5	1
R4，R7，R10，R13	4.7k	AXIAL0.3	4	D2	蓝 5mm	LED5	1
R5，R8，R11，R14	2k	AXIAL0.3	4	D3	黄 5mm	LED5	1
R6，R9，R12，R15	330	AXIAL0.3	4	D4	红 5mm	LED5	1
Q1，Q2，Q3，Q4	8050	TO92A-4	4	U6	4071	DIP-14	1
S1，S2，S3	SW-PB	KEY66	3	SW（S1，S2，S3）	DIP-6	SW-3P	1
U1，U2	40106	DIP-14	2	J1，J2，J3，P1	3.96V	3.96V	4
U3，U4，U5	4073	DIP-14	3				

子任务 1　电路元器件的装配与布局

1. 元器件的布局

粮仓报警装置控制电路元器件布局图如图 1-22 所示。

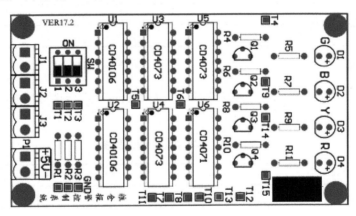

图 1-22　元器件布局图

2. 元器件的装配工艺要求

（1）电阻采用水平安装方式，电阻体紧贴板面，色环电阻的色环标志顺序一致（水平方向左边为第一环，垂直方向上边为第一环）。

（2）模拟传感器开关紧贴板面安装。

（3）三极管采用垂直安装方式，引脚注意整形，注意三极管每个引脚的定义。

（4）为了便于后期维修与更换，集成电路应安装底座，注意方向，缺口要和封装上的缺口一致。

（5）发光二极管底面紧贴板面安装，注意极性不能装反。

（6）接线端子与电源端子底面紧贴 PCB 板安装。

3. 操作步骤

（1）按工艺要求安装色环电阻。
（2）按工艺要求安装集成电路底座和开关。
（3）按工艺要求安装接线端子与电源端子。
（4）按工艺要求安装发光二极管和三极管。

子任务2　制作粮仓报警装置控制电路

按要求制作粮仓报警装置控制电路，并撰写制作报告。
制作时要对安装好的元器件进行手工焊接，并检查焊点质量。

子任务3　调试粮仓报警装置控制电路

1. 断电检测

用万用表的短路挡检测+5V电源和GND之间是否短路，并将检测结果记录在1-14中。

表1-14　断电检测记录表

检测内容	+5V 与 GND
检测值	

2. 供电电压检测

在P1端子上接入+5V电源。电源接通后，用万用表直流电压挡对系统和芯片所需要的供电电压进行测量，将结果记录在表1-15中。

表1-15　供电电压检测记录表

测量内容	+5V 电源	U_{1-14}	U_{2-14}	U_{3-14}	U_{4-14}	U_{5-14}	U_{6-14}
测量值							

3. 传感器输入电路调试

接入电源，当S1不动作或者动作时，测量U_{T1}，并判断其高/低电平状态；当S2不动作或者动作时，测量U_{T2}，并判断其高/低电平状态；当S3不动作或者动作时，测量U_{T3}，并判断其高/低电平状态。将结果填写在表1-16中。

表1-16　报警传感器电路调试记录表

	U_{T1}理论值	U_{T1}测量值	U_{T1}高/低电平		U_{T2}理论值	U_{T2}测量值	U_{T2}高/低电平		U_{T3}理论值	U_{T3}测量值	U_{T3}高/低电平
S1不动作				S2不动作				S3不动作			
S1动作				S2动作				S3动作			

4. 绿灯电路调试

当 S1、S2、S3 都不动作时，计算并测量 U_{T4}，判断其高/低电平状态，将结果填写在表 1-17 中。

表 1-17 绿灯电路调试记录表

	计算值	测量值	高/低电平
U_{T4}			

5. 蓝灯电路调试

当 S1、S2、S3 中只有一个动作时，计算并测量 U_{T5}、U_{T6}、U_{T7}、U_{T8}、U_{T9}，判断其高/低电平状态，将结果填写在表 1-18 中。

表 1-18 蓝灯电路调试记录表

只有 S1 动作	计算值	测量值	高/低电平	只有 S2 动作	计算值	测量值	高/低电平	只有 S3 动作	计算值	测量值	高/低电平
U_{T5}				U_{T5}				U_{T5}			
U_{T6}				U_{T6}				U_{T6}			
U_{T7}				U_{T7}				U_{T7}			
U_{T8}				U_{T8}				U_{T8}			
U_{T9}				U_{T9}				U_{T9}			

6. 黄灯电路调试

当 S1、S2、S3 中有两个动作时，计算并测量 U_{T10}、U_{T11}、U_{T12}、U_{T13}、U_{T14}，判断其高/低电平状态，将结果填写在表 1-19 中。

表 1-19 黄灯电路调试记录表

S1、S2 动作	计算值	测量值	高/低电平	S1、S3 动作	计算值	测量值	高/低电平	S2、S3 动作	计算值	测量值	高/低电平
U_{T10}				U_{T10}				U_{T10}			
U_{T11}				U_{T11}				U_{T11}			
U_{T12}				U_{T12}				U_{T12}			
U_{T13}				U_{T13}				U_{T13}			
U_{T14}				U_{T14}				U_{T14}			

7. 红灯电路调试

当 S1、S2、S3 都动作时，计算并测量 U_{T15}，判断其高/低电平状态，将结果填写在表 1-20 中。

表 1-20　红灯电路调试记录表

	计算值	测量值	高/低电平
U_{T15}			

8. 综合调试

记录输入、输出的电平状态，当模拟传感器开关动作时，为高电平状态，其逻辑值为 1；未动作时，为低电平状态，其逻辑值为 0。改变 S1、S2、S3 的开关状态，记录输出 LED 的状态，灯亮时，为高电平状态，其逻辑值为 1；灯灭时，为低电平状态，其逻辑值为 0。完成表 1-21。

表 1-21　综合调试记录表

输入信号逻辑状态			输出信号逻辑状态			
S1	S2	S3	D1（绿灯）	D2（蓝灯）	D3（黄灯）	D4（红灯）
0	0	0				
0	0	1				
0	1	0				
0	1	1				
1	0	0				
1	0	1				
1	1	0				
1	1	1				

任务 5　项目汇报与评价

【学习目标】
（1）能汇报项目的制作与调试过程。
（2）能对别人的作品与制作过程做出客观的评价。
（3）能够撰写制作与调试报告。

【工作内容】
（1）对自己完成的项目进行汇报。
（2）客观评价别人的作品与制作过程。
（3）撰写技术文档。

子任务 1　汇报制作与调试过程

1. 汇报内容

（1）演示制作的项目作品。

（2）讲解项目电路的组成及工作原理。

（3）讲解项目方案制定及选择的依据。

（4）与大家分享制作、调试中遇到的问题及解决方法。

2．汇报要求

（1）要边演示作品边讲解主要性能指标。

（2）讲解时要制作 PPT。

（3）要重点讲解制作、调试中遇到的问题及解决方法。

子任务2　对其他人的作品进行客观评价

1．评价内容

（1）演示的结果。

（2）性能指标。

（3）是否文明操作、遵守实训室管理规定。

（4）项目制作与调试过程中是否有独到的方法或见解。

（5）是否能与其他人团结协作。

具体评价标准参考表1-22。

表 1-22　项目评价表

评价要素	评价标准	评价依据	评价方式（各部分所占比重）			权重
			个人	小组	教师	
职业素养	（1）文明操作，遵守实训室管理规定 （2）能与其他人团结协作 （3）自主学习，按时完成工作任务 （4）工作积极主动，勤学好问 （5）遵守纪律，服从管理	（1）工具的摆放是否规范 （2）仪器、仪表的使用是否规范 （3）工作台的整理情况 （4）项目任务书的填写是否规范 （5）平时的表现 （6）制作的作品	0.3	0.3	0.4	0.3
专业能力	（1）掌握规范的作业流程 （2）熟悉粮仓报警装置控制模块电路的组成及工作原理 （3）能独立完成电路的制作与调试 （4）能够选择合适的仪器、仪表进行调试 （5）能对制作与调试工作进行评价与总结	（1）操作规范 （2）专业理论知识：课后题、项目技术总结报告及答辩 （3）专业技能：完成的作品、完成的制作与调试报告	0.2	0.2	0.6	0.6
创新能力	（1）在项目分析中提出自己的见解 （2）对项目教学提出建议或意见 （3）独立完成检修方案，并且设计合理	（1）提出创新性见解 （2）提出的意见和建议被认可 （3）好的方法被采用 （4）在设计报告中有独特见解	0.2	0.2	0.6	0.1

2. 评价要求

（1）评价要客观公正。

（2）评价要全面细致。

（3）评价要认真负责。

子任务3 撰写技术文档

1. 技术文档的内容

（1）项目方案的制定与元器件的选择。

（2）项目电路的组成及工作原理。

① 分析电路的组成及工作原理。

② 元器件清单与布局图。

（3）元器件的识别与检测。

（4）项目收获。

（5）项目制作与调试过程中所遇到的问题。

（6）所用到的仪器与仪表。

2. 要求

（1）内容全面、翔实。

（2）填写相应的元器件检测表。

（3）填写相应的调试表。

【知识链接】

电子技术分为模拟电子技术和数字电子技术两大类。模拟电子技术主要研究模拟信号的产生、传送和处理，模拟信号在时间和幅值上都是连续的，模拟电路是用来处理和传输模拟信号的电路。数字电子技术则主要研究数字信号的产生、传送和处理，数字信号在时间和幅值上都是离散的，数字电路则负责处理和传输数字信号。

这里主要介绍数字电路的基础知识、数制及编码、逻辑函数及其化简方法，同时介绍二极管基本逻辑门电路、TTL基本逻辑门电路、CMOS逻辑门电路及它们互连的相关知识。

1.1 数字电路基础知识

1.1.1 概述

人们的日常生活已经被数字计算机、通信系统、互联网、人工智能等技术深刻影响。近年来，半导体技术的迅猛发展促成了大规模集成电路的出现，带来了重要的变革。集成电路的运行基于数字技术，每一个集成电路都可以看作一个数字系统。

1. 数字电路与模拟电路

电路对信号进行传输和处理，这些信号一般是指随时间变化的电压和电流。在时间和幅值上都为连续的信号称为模拟信号，而在时间和幅值上都为离散的信号称为数字信号。处理和传输模拟信号的电路称为模拟电路，处理和传输数字信号的电路则称为数字电路。同模拟信号相比，数字信号具有传输可靠、易于存储、抗干扰能力强、稳定性好、精确性高、通用性广、便于集成、便于故障诊断和系统维护等优点，因此获得了越来越广泛的应用。

2. 数字电路的分类

1）按集成电路规模分类

集成电路的规模常用集成度来衡量，集成度指的是每个集成电路芯片中所包含的元器件的数目。按照集成度的不同，可以将数字电路分为小规模（SSI）、中规模（MSI）、大规模（LSI）、超大规模（VLSI）、特大规模（ULSI）、巨大规模（GSI）等类型。集成电路从应用的角度可以分为通用型和专用型两大类。通用型是指已被定型的标准化、系列化产品，适用于不同的数字设备；专用型是指为某种特殊用途专门设计，具有特定的复杂而完整功能的功能块型产品，只适用于专用的数字设备。

2）按所用器件制作工艺分类

按所用器件制作工艺的不同，数字电路可以分为双极型和单极型（MOS 型）两类。双极型数字电路又分为 TTL、ECL 和 HTL 三种，其中被广泛使用的是 TTL 电路；MOS 型数字电路又分为 PMOS、NMOS 和 CMOS 三种，其中以 CMOS 电路为主。

3）按电路结构分类

按照电路的结构和工作原理的不同，数字电路可分为组合逻辑电路和时序逻辑电路两类。组合逻辑电路没有记忆功能，其输出信号只与当时的输入信号有关，而与电路以前状态无关，如加法器、译码器等。时序逻辑电路具有记忆功能，其输出信号不仅取决于当时的输入信号，而且与电路以前的状态有关，如计数器、寄存器等。

4）按数字电路实现的功能分类

从数字电路实现的功能来看，有各类逻辑门、触发器、编码器、译码器、数据选择器、锁存器、寄存器、计数器、随机存取存储器、只读存储器、加法器、数值比较器、处理器等。

1.1.2 数制及编码

1. 数制

数制是表示数值大小的各种方法的统称。迄今为止，人们都是按照进位方式来实现计数的，这种计数制度称为进位计数制，简称进位制。

1）十进制

十进制是人们日常生活中用得最多的一种计数制，它用 0、1、2、3、4、5、6、7、8、9 十个数字符号，按逢十进一的原则进行计数，基数为 10。十进制计数制是一种"位置计数法"，每一个位置的"权"不同，例如：

$$(1234)_{10}=(1\times10^3+2\times10^2+3\times10^1+4\times10^0)_{10}$$

上式中的下角标 10 表示十进制，或者说以 10 为基数，各位数的权为 10 的幂。1、2、3、4 称为系数。系数 1 在千位上，其权为 10^3；系数 2 在百位上，其权为 10^2；系数 3 在十位上，其权为 10^1；系数 4 在个位上，其权为 10^0。

2）二进制

在数字系统中应用最广泛的计数制为二进制，这是因为数字电路在工作时通常只有两种基本状态，如开关导通或关断、电位高或低、脉冲有或无。二进制只用 0、1 两个数字符号，按照逢二进一的原则进行计数，基数为 2。二进制也采用"位置计数法"，各位的权为 2 的幂，例如：

$$(1010101)_2 = (1×2^6 + 0×2^5 + 1×2^4 + 0×2^3 + 1×2^2 + 0×2^1 + 1×2^0)_{10}$$
$$= (64 + 0 + 16 + 0 + 4 + 0 + 1)_{10} = (85)_{10}$$

从上式可以看出，7 位二进制数 $(1010101)_2$ 可以表示十进制数 $(85)_{10}$。显然数值越大，二进制数的位数就越多，读写都不太方便，而且容易出错。因此，在数字系统中还会用到八进制数和十六进制数。

3）八进制

在八进制中，共有 0、1、2、3、4、5、6、7 这 8 个数字符号，按照逢八进一的原则进行计数，基数是 8，各位的权是 8 的幂，例如：

$$(123)_8 = (1×8^2 + 2×8^1 + 3×8^0)_{10} = (64 + 16 + 3)_{10} = (83)_{10}$$

4）十六进制

在十六进制中，共有 16 个数字符号，分别为 0、1、2、3、4、5、6、7、8、9、A、B、C、D、E、F，按照逢十六进一的原则进行计数，基数是 16，各位的权是 16 的幂，例如：

$$(5A)_{16} = (5×16^1 + 10×16^0)_{10} = (80 + 10)_{10} = (90)_{10}$$

2. 数制转换

前面已经介绍了二进制数、八进制数、十六进制数转换成十进制数的方法，即按权展开再求和。下面分别介绍十进制数转换成二进制数的方法，以及二进制数与八进制数、十六进制数之间的相互转换方法。

1）十进制数转换成二进制数

一个十进制整数用 2 连除，一直到商为 0 为止，每除一次记下余数 0 或 1，把它们从后向前排列，即得到所求的二进制数。

例如，将十进制整数 22 转换为二进制数。

$(22)_{10} = (10110)_2$

十进制整数转换为二进制数遵循除 2 取余的原则。

2）二进制数与八进制数的转换

2 的 3 次方为 8，所以将一个八进制数转换成二进制数很方便，只需用 3 位二进制数去代替每个相应的八进制数字符号即可。例如：

$$(6574)_8=(110 \quad 101 \quad 111 \quad 100)_2=(110101111100)_2$$

反之，想要将二进制数转换成八进制数，只需将二进制数从低位向高位分成若干组 3 位二进制数，然后用对应的八进制数字符号代替每组 3 位二进制数即可，最左边不够 3 位时补 0 凑成 3 位。例如：

$$(101011100101)_2=(101 \quad 011 \quad 100 \quad 101)_2=(5345)_8$$

3）二进制数与十六进制数的转换

2 的 4 次方为 16，所以将一个十六进制数转换成二进制数也很简单，只需用 4 位二进制数去代替每个相应的十六进制数字符号即可。例如：

$$(9A7E)_{16}=(1001 \quad 1010 \quad 0111 \quad 1110)_2=(1001101001111110)_2$$

反之，若要将二进制数转换成十六进制数，只需将二进制数从低位到高位分成若干组 4 位二进制数，然后用对应的十六进制数字符号代替每组 4 位二进制数即可，最左边一组不够 4 位时补 0 凑成 4 位。例如：

$$(10111010110)_2=(0101 \quad 1101 \quad 0110)_2=(5D6)_{16}$$

表 1-23 为十进制、二进制、八进制和十六进制数的对照表。

表 1-23 几种计数进制数的对照表

十进制	二进制	八进制	十六进制	十进制	二进制	八进制	十六进制	十进制	二进制	八进制	十六进制	十进制	二进制	八进制	十六进制
0	0000	0	0	4	0100	4	4	8	1000	10	8	12	1100	14	C
1	0001	1	1	5	0101	5	5	9	1001	11	9	13	1101	15	D
2	0010	2	2	6	0110	6	6	10	1010	12	A	14	1110	16	E
3	0011	3	3	7	0111	7	7	11	1011	13	B	15	1111	17	F

3. 编码

在数字系统中，常用 0 和 1 的组合来表示数值的大小或者一些特定的信息。这种具有特定意义的二进制数码称为二进制代码，这些代码的编制过程称为编码。代码可以分为数字型和字符型，以及有权的和无权的。数字型代码用来表示数值的大小，字符型代码用来表示不同的符号、动作或者事物等。有权代码的每一位都定义了相应的权，无权代码的数位没有定义相应的权位。由此可见，编码的形式有很多，本节重点介绍 BCD 码、格雷码、奇偶校验码和 ASCII 码。

1）8421BCD 码

BCD（Binary Coded Decimal）码即二-十进制代码，是用 4 位二进制代码表示一位十进制数字的编码方法。4 位二进制代码有 16 种状态组合，若从中选取任意 10 种状态来表示 0～9 十个数字，可以有多种排列方式。因此，BCD 码有多种，表 1-24 列出了常用的 8421BCD 码，它是一种有权码。

表 1-24　8421BCD 码

十进制数	8421BCD 码	十进制数	8421BCD 码
0	0000	5	0101
1	0001	6	0110
2	0010	7	0111
3	0011	8	1000
4	0100	9	1001

　　从表 1-24 中可以看出，8421BCD 码选取 0000～1001 这 10 种状态来表示十进制数 0～9，1010～1111 为不用的状态。8421BCD 码实际上就是用自然顺序的二进制数来表示所对应的十进制数。因此，这种编码最自然和简单，很容易记忆和识别，与十进制数之间的转换也比较方便。8421BCD 码是应用最普遍的一种 BCD 码。

　　8421BCD 码和一个 4 位二进制数一样，从高位到低位的权依次为 8、4、2、1，故称为 8421BCD 码。在这种编码中，1010～1111 这 6 种组合是不用的，称为非法码。用 8421BCD 码可以十分方便地表示任意一个十进制数。例如，十进制数 2369 用 8421BCD 码表示为

$$(2369)_{10}=(0010\quad 0011\quad 0110\quad 1001)_{8421BCD}$$

2）格雷码

　　格雷码是一种无权循环码。它的特点是任意两个相邻的数所对应的代码之间只有一位不同。比如，4 与 5 所对应的代码为 0110 和 0111，只有最低位不同；0 和 15 之间只有最高位不同。循环码的这个特点，使得代码形成与传输时引起的误差比较小。表 1-25 列出了十进制数 0～15 的 4 位格雷码。

表 1-25　4 位格雷码

十进制数	格雷码	十进制数	格雷码
0	0000	8	1100
1	0001	9	1101
2	0011	10	1111
3	0010	11	1110
4	0110	12	1010
5	0111	13	1011
6	0101	14	1001
7	0100	15	1000

3）奇偶校验码

　　在信息存储与传送的过程中，常由于某种随机干扰而发生错误，而数字系统中对信息的正确性有极其严苛的要求，所以希望在传送代码时能进行某种校验以判断是否发生了错误，甚至能自动纠正错误。

　　奇偶校验码是一种具有检错能力的代码。常见的奇偶校验码见表 1-26。由该表可见，这种代码由信息位和校验位构成，信息位可以是任意一种二进制代码，校验位仅有一位。做"奇

校验"时，使校验位和信息位所组成的每组代码中含有奇数个 1；做"偶校验"时，则使每组代码中含有偶数个 1。

表 1-26　奇偶校验码

十进制数	奇校验码		偶校验码	
	信息位	校验位	信息位	校验位
0	0000	1	0000	0
1	0001	0	0001	1
2	0010	0	0010	1
3	0011	1	0011	0
4	0100	0	0100	1
5	0101	1	0101	0
6	0110	1	0110	0
7	0111	0	0111	1
8	1000	0	1000	1
9	1001	1	1001	0

奇偶校验码常用于代码的传送过程中，对代码接收端和发送端进行奇偶性检查，如果一致，则可认为接收到的代码正确；否则，接收到的一定是错误代码。

4）ASCII 码

ASCII 码即美国标准信息交换码，它是一种字符码。字符码种类很多，是专门用来处理数字、字母及各种符号的二进制代码。ASCII 码是目前国际上广泛采用的一种字符码。它是用 7 位二进制数码来表示字符的，对应关系见表 1-27。7 位二进制代码可以表示 128 个字符。每个字符都由代码的高 3 位 $b_6b_5b_4$ 和低 4 位 $b_3b_2b_1b_0$ 一起确定。

表 1-27　美国标准信息交换码（ASCII 码）

b_3	b_2	b_1	b_0	000 001	010	011	100	101	110	111
0	0	0	0	空格	0	@	P	`	p	
0	0	0	1	!	1	A	Q	a	q	
0	0	1	0	"	2	B	R	b	r	
0	0	1	1	#	3	C	S	c	s	
0	1	0	0	$	4	D	T	d	t	
0	1	0	1	控制符	%	5	E	U	e	u
0	1	1	0	&	6	F	V	f	v	
0	1	1	1	'	7	G	W	g	w	
1	0	0	0	(	8	H	X	h	x	
1	0	0	1	)	9	I	Y	i	y	
1	0	1	0	*	:	J	Z	j	z	

续表

字符				$b_6b_5b_4$	000 001	010	011	100	101	110	111
b_3	b_2	b_1	b_0								
1	0	1	1		控制符	+	;	K	[	k	{
1	1	0	0			,	<	L	\	l	|
1	1	0	1			-	=	M	]	m	}
1	1	1	0			.	>	N	^	n	~
1	1	1	1			/	?	O	-	o	DEL

1.1.3 逻辑函数及其化简

逻辑函数给研究和处理一些复杂的逻辑问题带来了方便。可以用多种方法来表示逻辑函数，如真值表、逻辑表达式、卡诺图、逻辑图等。逻辑函数进行运算的数学工具是逻辑代数。本节主要介绍逻辑代数的基本运算、逻辑函数及其表示方法，然后给出逻辑代数的运算公式和基本规则，最后介绍逻辑函数公式化简法和卡诺图化简法。

1. 逻辑代数的基本运算

1）三种基本逻辑运算

逻辑代数是进行逻辑分析与综合的数学工具。逻辑代数中的变量称为逻辑变量。逻辑代数和普通代数一样，都是用字母 A、B、C 等表示变量；不同的是，逻辑代数变量的取值范围仅为 0 和 1，0 和 1 并不表示数量的大小，而是表示两种不同的逻辑状态。比如，用 1 和 0 表示是和非、真和假、高电平和低电平、有和无、开和关等。逻辑变量之间的关系多种多样，有简单的，也有复杂的。最基本的逻辑关系有逻辑与、逻辑或和逻辑非三种。

（1）逻辑与。

只有当决定一件事情的条件全部具备时，这件事情才会发生。这样的逻辑关系称为逻辑与。在图 1-23 所示的电路中，只有当两个开关 A 和 B 都闭合时，电灯 Y 才亮；而 A 和 B 中只要有一个断开，电灯就不亮。若用逻辑表达式来描述，则为

$$Y=A \cdot B=AB$$

式中，符号"·"读作"与"（或读作"乘"），常被省略。实现逻辑与的电路称为与门，逻辑与和与门的逻辑符号如图 1-24 所示，符号"&"表示逻辑与运算。逻辑变量之间取值的对应关系可用一张表来表示，这种表叫作逻辑真值表。表 1-28 是逻辑与真值表，表中用 0 和 1 表示开关 A 和 B 的状态，1 表示开关闭合，0 表示开关断开；电灯 Y 的状态也用 1 和 0 来表示，1 表示灯亮，0 表示灯不亮。从逻辑与真值表可以看出，只有 A、B 都为 1 时，Y 才为 1。

表 1-28 逻辑与真值表

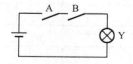

图 1-23 逻辑与的逻辑电路

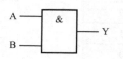

图 1-24 逻辑与的逻辑符号

A	B	Y
0	0	0
0	1	0
1	0	0
1	1	1

（2）逻辑或。

在决定一件事情的各个条件中，有一个或一个以上的条件具备时，这件事就会发生，这样的逻辑关系称为逻辑或。在图 1-25 所示的电路中，开关 A 和 B 是并联的，只要有一个开关闭合，电灯就亮；只有当开关全部断开时，电灯才灭。若用逻辑表达式来描述，则为

$$Y=A+B$$

式中，符号"+"读作"或"（或读作"加"）。实现逻辑或的电路称为或门，逻辑或和或门的逻辑符号如图 1-26 所示，符号"≥1"表示或逻辑运算。表 1-29 是逻辑或真值表。从该真值表可以看出，只要 A、B 中有一个为 1，Y 就为 1；只有当 A、B 都为 0 时，Y 才为 0。

表 1-29 逻辑或真值表

A	B	Y
0	0	0
0	1	1
1	0	1
1	1	1

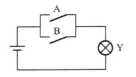

图 1-25 逻辑或的逻辑电路

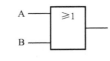

图 1-26 逻辑或的逻辑符号

（3）逻辑非。

如果某一个条件具备时，一件事情不发生；而当该条件不具备时，事情反而发生，这样的逻辑关系称为逻辑非。在图 1-27 所示的电路中，当开关 A 闭合时，电灯不亮；当开关 A 断开时，电灯点亮。逻辑非用逻辑表达式可写为

$$Y = \overline{A}$$

式中，变量上方的符号"—"表示非运算，读作"非"或"反"。实现逻辑非的电路称为非门或反相器，逻辑非和非门的逻辑符号如图 1-28 所示，逻辑符号中用小圆圈表示非，符号中的"1"表示缓冲。表 1-30 为逻辑非真值表。

表 1-30 逻辑非真值表

A	Y
0	1
1	0

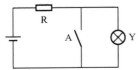

图 1-27 逻辑非的逻辑电路

图 1-28 逻辑非的逻辑符号

2）其他常见逻辑运算

在数字系统中，除与、或、非三种基本逻辑运算之外，常见的复合逻辑运算有与非、或非、与或、异或和同或等。

（1）与非运算。

若三个输入变量分别为 A、B、C，则与非逻辑表达式可以写为

$$Y = \overline{ABC}$$

实现与非运算的电路称为与非门。与非逻辑和与非门的逻辑符号如图 1-29 所示。表 1-31 为与非逻辑真值表。从该表中可以看出，只有 A、B、C 全为 1，输出才为 0。与非逻辑功能可以归纳为一句口诀："有 0 出 1，全 1 出 0"。

表 1-31　与非逻辑真值表

A	B	C	Y
0	0	0	1
0	0	1	1
0	1	0	1
0	1	1	1
1	0	0	1
1	0	1	1
1	1	0	1
1	1	1	0

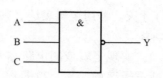

图 1-29　与非逻辑的逻辑符号

（2）或非运算。

若三个输入变量分别为 A、B、C，则或非运算的逻辑表达式为

$$Y = \overline{A + B + C}$$

实现或非运算的电路称为或非门。或非逻辑和或非门的逻辑符号如图 1-30 所示。表 1-32 为或非逻辑真值表。从该表中可以看出，只要 A、B、C 中有一个为 1，输出就为 0。或非逻辑功能也可以归纳为一句口诀："有 1 出 0，全 0 出 1"。

表 1-32　或非逻辑真值表

A	B	C	Y
0	0	0	1
0	0	1	0
0	1	0	0
0	1	1	0
1	0	0	0
1	0	1	0
1	1	0	0
1	1	1	0

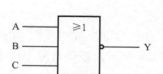

图 1-30　或非逻辑的逻辑符号

（3）与或非运算。

如图 1-31 所示，将与门、或门进行连接，就能实现与或非逻辑运算。与或非运算的逻辑表达式为

$$Y = \overline{AB + CD}$$

实现与或非运算的电路称为与或非门。与或非逻辑和与或非门的逻辑符号如图 1-32 所示。

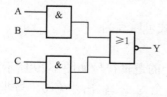

图 1-31　与或非逻辑的逻辑电路

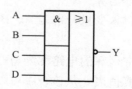

图 1-32　与或非逻辑的逻辑符号

（4）异或运算。

异或运算是指两个输入变量取值相同时输出为 0，取值不相同时输出为 1。异或运算可用逻辑表达式表示为

$$Y = A \oplus B = \overline{A}B + A\overline{B}$$

式中，符号"$\oplus$"表示异或运算。实现异或运算的电路称为异或门。异或逻辑的逻辑符号如图 1-33 所示。逻辑符号中"=1"表示异或运算。表 1-33 为异或逻辑的真值表。异或逻辑功能可以归纳为一句口诀："相同出 0，不同出 1"。

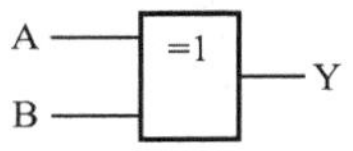

图 1-33　异或逻辑的逻辑符号

表 1-33　异或逻辑真值表

A	B	Y
0	0	0
0	1	1
1	0	1
1	1	0

（5）同或运算。

同或运算是异或运算的非运算，当输入变量取值相同时输出为 1，取值不相同时输出为 0。同或运算可用逻辑表达式表示为

$$Y = A \odot B = \overline{A}\,\overline{B} + AB = \overline{A \oplus B}$$

式中，符号"$\odot$"表示同或运算。实现同或运算的电路称为同或门。同或逻辑的逻辑符号如图 1-34 所示。表 1-34 为同或逻辑的真值表。同或逻辑功能可以归纳为一句口诀："相同出 1，不同出 0"。

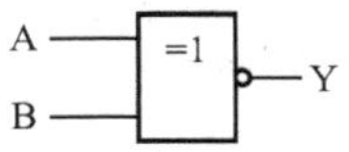

图 1-34　同或逻辑的逻辑符号

表 1-34　同或逻辑真值表

A	B	Y
0	0	1
0	1	0
1	0	0
1	1	1

2. 逻辑函数及其表示方法

1）逻辑函数

前面介绍了多种逻辑运算，当逻辑运算关系确定之后，输出逻辑变量的值会随着输入逻辑变量的取值确定而确定，实际上输入与输出之间就形成了一种函数关系。我们将这种逻辑变量之间的函数关系称为逻辑函数，写成

$$Y = F(A, B, C, D, \cdots)$$

其中，A、B、C、D 为有限个输入逻辑变量，F 为有限次逻辑运算（与、或、非）的组合。任何一种具体事务的因果关系都可以用一种逻辑函数来描述。

逻辑函数的表示方法有真值表、逻辑函数表达式、逻辑图、卡诺图和波形图，下面重点

介绍真值表、逻辑函数表达式和逻辑图。

2）真值表

每个输入变量有 0 和 1 两种取值，n 个输入变量就有 2^n 个不同的取值组合。将输入变量的全部取值组合及相应的输出函数值全部列出来，就可以得到逻辑函数的真值表。

例如，逻辑函数 Y=AB+BC+CA，式中有 A、B、C 三个输入变量，共有 8 种取值组合，把它们分别代入逻辑表达式中进行运算，得出相应的输出变量 Y 的值，便可列出该函数的真值表，见表 1-35。

表 1-35　逻辑函数的真值表

A	B	C	Y
0	0	0	0
0	0	1	0
0	1	0	0
0	1	1	1
1	0	0	0
1	0	1	1
1	1	0	1
1	1	1	1

为了防止遗漏或者重复，输入变量的取值组合一般按照二进制数递增的顺序排列。

3）逻辑函数表达式

根据对应的逻辑关系，把输出变量表示为输入变量的与、或、非三种运算的组合，称为逻辑函数表达式（简称逻辑表达式）。

从表 1-35 中可以看出，输入变量的数值确定之后，输出变量的数值也被确定。如果对应每一个输出变量取值为 1 的输入变量取值组合，将输入变量取值为 1 的用原变量表示，输入变量取值为 0 的用反变量表示，则可写成一个乘积项，再将这些乘积项相加合并便可得到一个逻辑函数表达式，这就是标准的与或表达式。

4）逻辑图

输入输出关系可以用表达式的形式表示出来，根据表达式，就可以画出逻辑图。根据上面讲到的逻辑函数 Y=AB+BC+AC，可以画出和逻辑函数对应的逻辑图，如图 1-35 所示。

对于同一个逻辑函数，既可以用真值表来描述，也可以用逻辑函数表达式来表示，还可以用逻辑图来表示。这几种方法显然可以互相转换。逻辑函数还可以用卡诺图来表示，这将在逻辑函数卡诺图化简法中进行介绍。

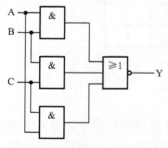

图 1-35　电路的逻辑图

3. 逻辑代数的公式和运算法则

1）基本公式

表 1-36 给出了逻辑代数的基本公式。这些公式中，有一些与普通代数公式不同。表 1-36

中所列公式都可用真值表验证其正确性。

表 1-36 逻辑代数的基本公式

01 律	（1）$A \cdot 1 = A$	（2）$A + 0 = A$
	（3）$A \cdot 0 = 0$	（4）$A + 1 = 1$
交换律	（5）$A \cdot B = B \cdot A$	（6）$A + B = B + A$
结合律	（7）$A \cdot (B \cdot C) = (A \cdot B) \cdot C$	（8）$A + (B + C) = (A + B) + C$
分配律	（9）$A \cdot (B + C) = A \cdot B + A \cdot C$	（10）$A + (BC) = (A + B)(A + C)$
互补律	（11）$A \cdot \overline{A} = 0$	（12）$A + \overline{A} = 1$
重叠律	（13）$A \cdot A = A$	（14）$A + A = A$
反演律	（15）$\overline{AB} = \overline{A} + \overline{B}$	（16）$\overline{A + B} = \overline{A} \cdot \overline{B}$
还原律	（17）$\overline{\overline{A}} = A$	

比如，反演律 $\overline{A + B} = \overline{A} \cdot \overline{B}$，可以把 A、B 的所有取值组合代入等式的两边，并将结果填入真值表中。从表 1-37 中可以看出，对输入变量的所有取值组合，等式两边的函数值都对应相等，所以等式成立。在逻辑函数的化简变换中经常用到反演律。反演律又称摩根定理。

表 1-37 反演律真值表

A	B	$\overline{A + B}$	$\overline{A} \cdot \overline{B}$
0	0	1	1
0	1	0	0
1	0	0	0
1	1	0	0

2）常用公式

利用基本公式，通过简单推导，可以得到以下几组常用公式，这些公式对于逻辑函数的化简有着非常重要的作用。

公式 1：$AB + A\overline{B} = A$

证明：$AB + A\overline{B} = A(B + \overline{B}) = A \cdot 1 = A$

可见，如果两个乘积项中分别含有某一个原变量和它的反变量，而其他因子相同，则可消去这个变量，合并成一项。

公式 2：$A + AB = A$

证明：$A + AB = A(1 + B) = A \cdot 1 = A$

可见，两个乘积项中，如果一个乘积项是另一个乘积项（比如 AB）的因子，则另一个乘积项可以直接舍弃。

公式 3：$A + \overline{A}B = A + B$

证明：$A + \overline{A}B = (A + \overline{A})(A + B) = 1 \cdot (A + B) = A + B$

可见，两个乘积项中，如果一个乘积项的反函数（比如）是另一个乘积项的因子，则这个因子中的反函数可以直接舍弃。

公式 4： $AB + \overline{A}C + BC = AB + \overline{A}C$

证明： $AB + \overline{A}C + BC = AB + \overline{A}C + BC(A + \overline{A})$

$$= AB + \overline{A}C + ABC + \overline{A}BC$$

$$= AB(1 + C) + \overline{A}C(1 + B)$$

$$= AB + \overline{A}C$$

推论： $AB + \overline{A}C + BCDE = AB + \overline{A}C$

从公式 4 和推论可以看出，如果一个与或表达式的两个乘积项中，一个含有原变量（比如 A），另一个含有反变量（比如 $\overline{A}$），而这两个乘积项的其他因子是第三个乘积项的因子，则第三个乘积项可以直接舍弃。

3）运算规则

（1）代入规则。

在任何一个逻辑等式中，如果将等式两端的某个变量都以相同的逻辑函数代入，则等式仍然成立。这个规则就是代入规则。

利用代入规则可以扩大公式的应用范围。

例如，将代入规则用于反演律 $\overline{AB} = \overline{A} + \overline{B}$。令 Y=BC，代入等式中的 B，则有 $\overline{AY} = \overline{A} + \overline{Y}$，即 $\overline{ABC} = \overline{A} + \overline{B} + \overline{C}$，反复运用代入规则，不难得出 $\overline{ABC\cdots} = \overline{A} + \overline{B} + \overline{C} + \cdots$。同理可得 $\overline{A + B + C + \cdots} = \overline{A} \cdot \overline{B} \cdot \overline{C} \cdots$。

（2）反演规则。

对于任何一个逻辑表达式 Y，若将 Y 中所有的 "·" 换成 "+"，所有的 "+" 换成 "·"；所有 0 换成 1，1 换成 0；所有的原变量换成反变量，反变量换成原变量，那么所得到的表达式就是 Y 的反函数 $\overline{Y}$。这个规则称为反演规则。

（3）对偶规则。

对于任何一个逻辑表达式 Y，若将 Y 中所有的 "·" 换成 "+"，所有的 "+" 换成 "·"；所有 0 换成 1，1 换成 0，那么就可以得到一个新的表达式 Y′。Y′称为 Y 的对偶式。这就是求对偶式的规则。

4. 逻辑函数的化简方法

例：化简逻辑表达式 $Y = A + AB + AC + A\overline{BC} + BC + \overline{B}C$。

解： $Y = A + AB + AC + A\overline{BC} + BC + \overline{B}C$

$$= A(1 + B + C + \overline{BC}) + C(B + \overline{B})$$

$$= A + C$$

对比化简前后的逻辑函数可以看出，如果按照原来的逻辑表达式画逻辑图会很复杂，而化简后的逻辑表达式明显简单很多，再画逻辑图也会简单得多。由此可知，一个逻辑函数可以有多种逻辑表达式。

逻辑函数常用的两种化简方法分别为公式化简法和卡诺图化简法。

1）公式化简法

利用前面介绍的基本公式和常用公式对逻辑函数进行化简，这种化简方法称为公式化简法。公式化简法通常采用的方法有并项法、吸收法、消去法和配项法。

（1）并项法。

利用公式 $A + \overline{A} = 1$，将两项合并成一项，并消去一个变量。例如：

$$Y = ABC + A\overline{B} + A\overline{C} = ABC + A(\overline{B} + \overline{C}) = ABC + A\overline{BC} = ABC + \overline{BC} = A$$

（2）吸收法。

利用公式 $A + AB = A$，消去多余项。例如：

$$Y = AB + ABCDE = AB$$

（3）消去法。

利用公式 $A + \overline{A}B = A + B$ 进行化简，消去多余的因子。例如：

$$Y = AB + \overline{A}C + \overline{B}C = AB + (\overline{A} + \overline{B})C = AB + \overline{AB}C = AB + C$$

（4）配项法。

配项法是指在不能利用公式和定理直接进行化简时，利用 $A + \overline{A} = 1$ 等公式，先从函数式中选择合适的与项，配上其所需要的合适的变量，然后再利用前面所介绍的方法进行化简。例如：

$$Y_1 = \overline{A}B\overline{C} + \overline{A}BC + ABC = \overline{A}B\overline{C} + \overline{A}BC + ABC + \overline{A}BC = \overline{A}B(\overline{C} + C) + (A + \overline{A})BC = \overline{A}B + BC$$

在化简复杂的逻辑函数时，往往需要灵活运用各种方法，才能得到最终的化简结果。

2）卡诺图化简法

逻辑函数除了可以用真值表、逻辑表达式和逻辑图来表示，还可以用卡诺图来表示。卡诺图是按一定规则画出来的方格图，利用卡诺图可以直观而方便地化简逻辑函数。在介绍卡诺图之前，先讨论一下最小项及最小项表达式。

（1）最小项及最小项表达式。

① 最小项。

设 A、B、C 是三个逻辑变量，由这三个逻辑变量按以下规则构成乘积项：每一个乘积项都包含这三个因子；每个变量都以原变量或者反变量的形式出现一次，且仅出现一次。满足以上条件的乘积项是 $\overline{A}\,\overline{B}\,\overline{C}$、$\overline{A}\,\overline{B}C$、$\overline{A}B\overline{C}$、$\overline{A}BC$、$A\overline{B}\,\overline{C}$、$A\overline{B}C$、$AB\overline{C}$、$ABC$，我们称这 8 个乘积项为三变量 A、B、C 的最小项。我们可以很容易地把最小项的定义推广到 n 个变量的情况。n 个变量共有 2^n 个最小项。表 1-38 是三变量全部最小项的真值表。

表 1-38　三变量全部最小项的真值表

ABC	$\overline{A}\,\overline{B}\,\overline{C}$ (m_0)	$\overline{A}\,\overline{B}C$ (m_1)	$\overline{A}B\overline{C}$ (m_2)	$\overline{A}BC$ (m_3)	$A\overline{B}\,\overline{C}$ (m_4)	$A\overline{B}C$ (m_5)	$AB\overline{C}$ (m_6)	ABC (m_7)
000	1	0	0	0	0	0	0	0
001	0	1	0	0	0	0	0	0
010	0	0	1	0	0	0	0	0
011	0	0	0	1	0	0	0	0
100	0	0	0	0	1	0	0	0
101	0	0	0	0	0	1	0	0
110	0	0	0	0	0	0	1	0
111	0	0	0	0	0	0	0	1

由表 1-38 可以看出，对于任意一个最小项，只有一组变量取值使它的值为 1，而变量取其余各组值时，该最小项的值均为 0；任意两个不同的最小项之积恒为 0；变量全部最小项之和恒为 1。

为了方便起见，对最小项进行编号，m_i 的下标 i 即最小项的编号。采用如下方法进行编号：把最小项取值为 1 所对应的那一组变量取值组合当成二进制数，与其对应的十进制数，就是该最小项的编号。以 $A\bar{B}C$ 为例，因为当输入变量组合为 101 时该最小项函数值为 1，而 101 相当于十进制数 5，所以把 $A\bar{B}C$ 记作 m_5。按此规则，三变量输入的最小项编号也列在表 1-38 中。

② 最小项表达式。

任何一个逻辑函数都可以表示为由最小项相或的形式，即标准与或表达式。一个逻辑函数只有一种最小项的表达形式。例如，将 $Y = A + B + C$ 展开成为最小项表达式。

$$Y = AB + AC + BC = AB(C + \bar{C}) + AC(B + \bar{B}) + BC(A + \bar{A})$$
$$= ABC + AB\bar{C} + ABC + A\bar{B}C + ABC + \bar{A}BC = ABC + AB\bar{C} + A\bar{B}C + \bar{A}BC$$
$$= m_7 + m_6 + m_5 + m_3 = \sum m(3,5,6,7)$$

从例题中可以看出，一个逻辑函数可以由最小项表达式来表示。

（2）卡诺图及其画法。

卡诺图是由美国工程师卡诺首先提出的一种用来描述逻辑函数的特殊方格图。在这个方格图中，每一个方格代表逻辑函数的一个最小项。因为 n 个变量有 2^n 个最小项，所以 n 变量卡诺图也应该有 2^n 个小方格。卡诺图中各变量的取值要按一定的规则排列，其规则是图中任何在物理位置上相邻的最小项，在逻辑上也要求相邻。所谓物理相邻，是指图中在排列位置上紧挨着的那些最小项；所谓逻辑相邻，是指如果两个最小项中除了一个变量取值不同外，其余变量取值都相同，那么就称这两个最小项具有逻辑上的相邻性。下面以三变量为例来进一步解释卡诺图的画法。如图 1-36 所示，在三变量卡诺图中，共有 8 个方格。A 的取值为 0、1 两种，变量 B、C 的取值按照 00、01、11、10 的顺序排列，这就满足了两个相邻的最小项中只有一个变量取值不同，而其余变量取值都相同的原则。在卡诺图中，每个小方格都表示一个最小项。

卡诺图中非常重要的一点是要求物理相邻的两个最小项必须逻辑相邻，这是利用卡诺图进行函数化简的依据。可以按照这一规则画出图 1-37 所示的四变量卡诺图。

A\BC	00	01	11	10
0	m_0	m_1	m_3	m_2
1	m_4	m_5	m_7	m_6

图 1-36　三变量卡诺图的画法

AB\CD	00	01	11	10
00	m_0	m_1	m_3	m_2
01	m_4	m_5	m_7	m_6
11	m_{12}	m_{13}	m_{15}	m_{14}
10	m_8	m_9	m_{11}	m_{10}

图 1-37　四变量卡诺图的画法

（3）用卡诺图表示逻辑函数。

卡诺图实际就是真值表的图表形式，真值表与卡诺图是完全对应的。因此，我们可以根据逻辑函数的真值表来画出相应的卡诺图，其方法是根据真值表填写每一个小方格的值。下面举例说明。

例：已知逻辑函数 Y 的真值表见表 1-39，画出 Y 的卡诺图。

表 1-39　逻辑函数 Y 的真值表

A	B	C	Y
0	0	0	1
0	0	1	0
0	1	0	0
0	1	1	1
1	0	0	0
1	0	1	0
1	1	0	1
1	1	1	0

解：首先需要画一张三变量卡诺图，然后根据表 1-39 填写每个小方格，即可得到函数 Y 的卡诺图，如图 1-38 所示。

根据逻辑函数的最小项表达式也可以很方便地画出逻辑函数的卡诺图，只要在表达式中所有的最小项对应的小方格中填入 1，其余的小方块中填入 0 即可。

BC\A	00	01	11	10
0	1	0	1	0
1	0	0	0	1

图 1-38　表 1-39 对应的卡诺图

（4）卡诺图中最小项合并的规律。

在卡诺图中，凡是物理相邻的最小项均可合并，合并时可以消去变量。2 个最小项合并成一项时，可以消去 1 个变量；4 个最小项合并成一项时，可以消去 2 个变量；8 个最小项合并成一项时，可以消去 3 个变量。一般地说，2^n 个最小项合并时可以消去 n 个变量。

图 1-39 给出了相邻 2 个最小项合并成一项的一些情况。

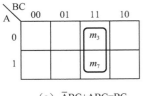 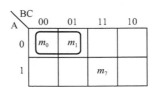 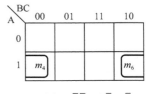

(a) $\overline{A}BC+ABC=BC$　　(b) $\overline{A}\overline{B}\overline{C}+\overline{A}\overline{B}C=\overline{A}\overline{B}$　　(c) $A\overline{B}\overline{C}+AB\overline{C}=A\overline{C}$

图 1-39　2 个最小项合并

图 1-40 给出了相邻 4 个最小项合并成一项的一些情况。

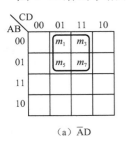 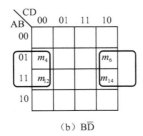 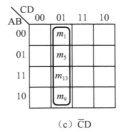 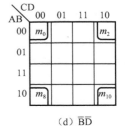

(a) $\overline{A}D$　　(b) $B\overline{D}$　　(c) $\overline{C}D$　　(d) $\overline{B}\overline{D}$

图 1-40　4 个最小项合并

图 1-41 给出了相邻 8 个最小项合并成一项的一些情况。

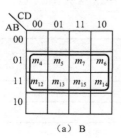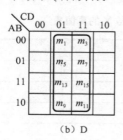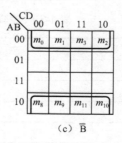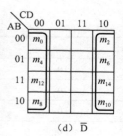

图 1-41　8 个最小项合并

（5）利用卡诺图化简逻辑函数。

利用卡诺图化简逻辑函数可以分三步进行。

第一步，画出逻辑函数的卡诺图，在卡诺图中对应函数最小项的所有小方格中都填入 1，其余小方格中填入 0。

第二步，对卡诺图中相邻 1 的方格进行圈组。正确圈组的原则为：必须按照 2^n 的规律来圈取，2^n 个最小项合并后消去 2^n-1 项，并消去 n 个变量；每个取值为 1 的最小项必须至少被圈一次，也可以圈多次；圈的个数要最少，并要尽可能大。

第三步，由圈组写出最简与或表达式。将每个圈用一个乘积项来表示，圈内各最小项中相同的因子保留，互补的因子消去，然后把所得到的各乘积项相加。

下面举例说明利用卡诺图化简逻辑函数的方法。

例：用卡诺图化简法化简函数 $Y = \overline{A}B\overline{C} + \overline{A}B\overline{C}\overline{D} + AB\overline{C}\overline{D} + BC\overline{D} + A\overline{B}CD$。

解：画出函数 Y 的卡诺图，如图 1-42（a）所示；进行圈组，如图 1-42（b）所示。根据该图可以写出如下最简与或表达式：

$$Y = B\overline{D} + \overline{A}B\overline{C} + A\overline{B}CD$$

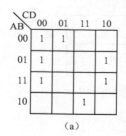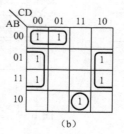

图 1-42　例题的卡诺图

有些情况下，最小项的圈法不止一种，得到的各个乘积项组成的与或表达式各不相同，需要经过比较和检查才能确定哪个是最简的。有时候，不同圈法得到的与或表达式都是最简形式，即一个函数的最简与或表达式不是唯一的。

（6）具有约束项的逻辑函数化简。

在某些逻辑函数中，有些输入变量的组合不会出现，或者即使出现，输出函数的值也是任意的。针对这一问题，通常把这些输入变量取值所对应的最小项称为无关项、任意项或者约束项，在卡诺图中用符号"×"表示。例如，当输入变量是一组 8421BCD 码时，由于 1010～

1111 这 6 种状态在正常工作时是不允许出现的，因此这 6 个输入状态的函数值可以是任意的，既可以取 0，也可以取 1。在用卡诺图化简逻辑函数时，充分利用无关项，可以使逻辑函数进一步得到简化。下面举例说明。

例：化简逻辑函数 $Y(A,B,C) = \sum m(1,2) + \sum d(3,5,6,7)$。式中，d 表示无关项。

解：画函数的卡诺图，在对应最小项 m_1、m_2 的小方格中填入 1；而对于无关项 m_3、m_5、m_6、m_7，在对应的小方格中填入"×"；其余的小方格中填入"0"，如图 1-43 所示。

在画圈的时候，将圈内无关项看作 1，其余的无关项看作 0，化简后的最简与或表达式为

$$Y = B + C$$

图 1-43 例题的卡诺图

1.2 二极管基本逻辑门电路

二极管、三极管和 MOS 管作为数字电路中的开关使用时，在特定信号的作用下，工作在饱和导通或者截止状态，相当于开关的闭合和断开。

1.2.1 二极管开关特性

图 1-44 为硅二极管的伏安特性曲线。从图 1-44（a）可以看出，当外加正向电压大于 0.5V 时，二极管开始导通。当正向电压大于 0.7V 时，曲线变得相当陡峭，电流急剧上升。所以，一般认为硅二极管正向导通时，其正向压降很小，基本上稳定在 0.7V 左右，其正向导通电阻很小。因此，二极管正向导通时，相当于开关处于闭合状态，导通电阻可以忽略不计。

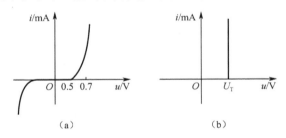

图 1-44 硅二极管的伏安特性曲线

当加在二极管两端的正向电压小于 0.5V 或者加反向电压时（不考虑反向击穿），二极管截止，反向电流很小，呈现很大的反向电阻。此时，二极管近似于开路，相当于开关的断开状态。

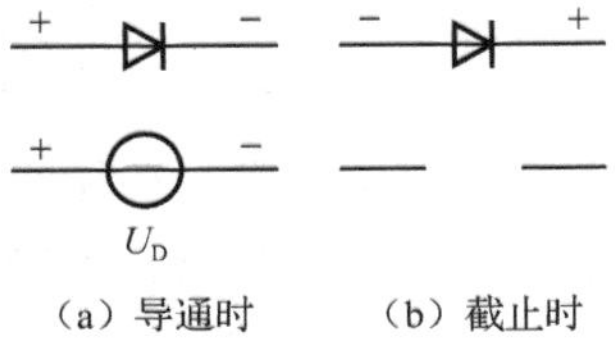

数字电路中的二极管作为开关使用时，经常将其伏安特性曲线理想化，理想化曲线如图 1-44（b）所示，其中 U_T 称为开启电压，硅二极管的开启电压约为 0.7V。根据理想化模型，可用开关等效电路代替二极管。图 1-45 是二极管的理想开关等效电路，导通时二极管可等效为一个具有压降 U_D 的闭合开关，截止时二极管可等效为一个断开的开关。

（a）导通时　　（b）截止时

图 1-45 二极管的理想开关等效电路

二极管从截止变为导通和从导通变为截止都需要一定的时间。通常后者所需的时间长得多。二极管从导通到截止所需的时间，称为二极管的反向恢复时间。如果输入信号的频率非常高，应当考虑选择反向恢复时间小于输入信号负半周持续时间的开关二极管，否则二极管会失去单向导电作用。

1.2.2　二极管门电路

实现逻辑功能的电子电路称为逻辑门电路。实现逻辑与功能的称为与门；实现逻辑或功能的称为或门；实现逻辑非功能的称为非门，也称反相器。

1. 与门电路

图 1-46（a）是由两个二极管组成的与门电路，图 1-46（b）是它的逻辑符号。图中 A、B 为变量输入端，F 为变量输出端。输入信号为+3V 或 0V，电源电压 V_{CC} 为+12V。分析电路的工作原理，很容易得出表 1-40 所示的输入与输出电压之间的关系。如果用逻辑 1 表示高电平（此处为+3V 及以上），用逻辑 0 表示其低电平（此处为 0.7V 及以下），则可以列出图 1-46（a）对应的真值表，见表 1-41。

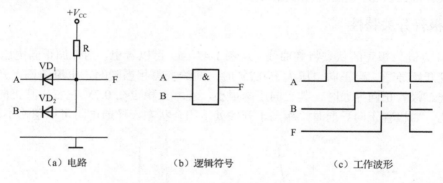

图 1-46　二极管与门电路

　　　　（a）电路　　　　　　　　　（b）逻辑符号　　　　　　　（c）工作波形

表 1-40　电路输入与输出电压之间的关系

A	B	F
0V	0V	0.7V
0V	3V	0.7V
3V	0V	0.7V
3V	3V	3.7V

表 1-41　图 1-46（a）对应的逻辑真值表

A	B	F
0	0	0
0	1	0
1	0	0
1	1	1

从表 1-41 中可以看出，该真值表就是逻辑与的真值表，可见该电路实现了逻辑与功能，其逻辑表达式为 F=AB。因此，图 1-46（a）所示电路为与门电路。还可以用波形图表示该电路的逻辑功能。图 1-46（c）给出了与门电路的工作波形。

2. 或门电路

图 1-47（a）是由两个二极管组成的或门电路，图 1-47（b）是它的逻辑符号。按照二极

管与门电路的分析方法来分析该电路，可以得出电路输入与输出电压的关系表和真值表，分别见表 1-42 和表 1-43。从表 1-43 可以看出，这正是逻辑或的真值表。可见图 1-47（a）所示电路实现了或门的功能，其逻辑表达式为 F=A+B，图 1-47（c）是或门的工作波形。

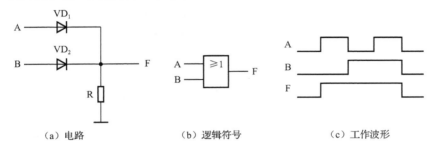

（a）电路　　　　　　　　（b）逻辑符号　　　　　　　　（c）工作波形

图 1-47　二极管或门电路

表 1-42　电路输入与输出电压的关系

A	B	F
0V	0V	0V
0V	3V	2.3V
3V	0V	2.3V
3V	3V	2.3V

表 1-43　图 1-47（a）所示电路的逻辑真值表

A	B	F
0	0	0
0	1	1
1	0	1
1	1	1

1.2.3　高、低电平的概念

在数字电路中，通常把电位叫作电平，用高、低电平来描述电位的高低。高电平是一种状态，而低电平则是另一种状态，它们表示的是一定的电压范围。例如，在 TTL 电路中，通常规定高电平的额定值为 3V，但从 2V 到 5V 都算高电平；低电平的额定值为 0.3V，但从 0V 到 0.8V 都算是低电平。

在数字电路中，还用逻辑 1 和逻辑 0 来表示电平的高低，这种用逻辑 1 和 0 表示输入、输出电平高低的过程就称为逻辑赋值。经过逻辑赋值之后可以得到电路的真值表，从而可以很方便地对电路进行逻辑分析。

1.3　TTL 基本逻辑门电路

在数字电路中，三极管作为开关元件，主要工作在饱和和截止两种开关状态，中间的放大区只是极短暂的过渡状态，三极管会在开和关两种状态之间快速转换。

1.3.1　三极管的开关特性

图 1-48（a）为三极管应用电路，图 1-48（b）为三极管的输出特性曲线，它有截止、放大和饱和三个工作区，和三个工作区相对应的是截止、放大及饱和三种工作状态。

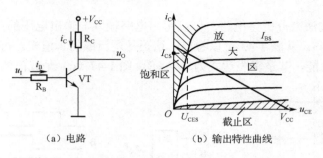

（a）电路　　　　　　（b）输出特性曲线

图 1-48　三极管电路及特性曲线

当发射结反偏时，三极管 VT 处于截止状态，三极管的三个极可视为断开，其等效电路如
图 1-49（a）所示。当输入电压 u_I 大于三极管的开启电压时，

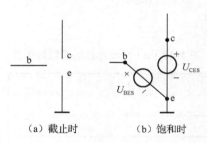

（a）截止时　　　（b）饱和时

图 1-49　三极管开关等效电路

发射结正偏，集电结反偏，集电极电流随基极电流而变，并满足一定的放大倍数关系，此时三极管工作在放大状态。当 u_I 继续增大时，集电极电流不再随着基极电流的增大而增大，集电极电流达到了最大值即集电极饱和电流。这时，三极管失去放大能力，进入饱和工作状态。三极管饱和时，集电极和发射极之间的压降很小，且集电结和发射结均处于正偏状态。对硅三极管来说，处于饱和状态时，$U_{BES}=0.7V$，$U_{CES}=0.3V$，三极管 C、E 之间如同具有 0.3V 压降的闭合开关，其等效电路如图 1-49（b）所示。

三极管由饱和转换到截止或由截止转换到饱和导通均需要时间，也就是说，三极管具有开关时间。三极管从截止转换到饱和导通所需要的时间称为开启时间，由饱和导通转换到截止所需要的时间称为关闭时间。三极管的开关时间一般在纳秒级。通常关闭时间更长，因此关闭时间是影响三极管开关速度的最主要因素。在选型时，应重点考虑关闭时间参数。

1.3.2　TTL 反相器

TTL 逻辑门电路是一种数字集成电路。这种门电路最早出现于 20 世纪 60 年代，后续经过多次电路结构和工艺方面的改进，至今仍在各种数字电路和系统中广泛应用。由于输入和输出结构均采用半导体三极管（晶体管），故称之为晶体管-晶体管逻辑门电路，简称 TTL 电路。

TTL 集成电路的最基本环节就是反相器。图 1-50 是 TTL 反相器的基本电路。由该图可以看出，该电路由三部分组成，即由 VT_1 组成的输入级，由 VT_2 组成的中间级，由 VT_3、VT_4 和 VD 组成的输出级。

当输入高电平时，$u_I = 3.6V$，VT_1 处于倒置工作状态，电源 V_{CC} 通过 R_1 和 VT_1 集电极向 VT_2 和 VT_4 提供基极电流，使 VT_2 和 VT_4 饱和，输出为低电平，$u_O = 0.3V$。倒置工作状态是指三极管的发射极和集电极的作用倒置使用的状态。在倒置工作状态下，三极管的集电结正偏，

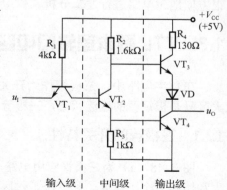

图 1-50　TTL 反相器的基本电路

而发射结反偏。

当输入为低电平时，$u_I = 0.3V$，VT_1 发射结导通，u_{B1} 等于输入低电平加上发射结正向压降，即 $u_{B1} = 0.3V + 0.7V = 1V$，$VT_2$ 和 VT_4 均截止，而 V_{CC} 通过 R_2 提供基极电流使 VT_3 和 VD 导通。此时，输出电压为高电平，$u_O = V_{CC} - U_{BE3} - U_D \approx 5V - 0.7V - 0.7V = 3.6V$。可见，电路实现了反相器的逻辑功能：输入为高电平，输出为低电平；输入为低电平，输出为高电平。

VT_3 和 VT_4 在电路中组成了推拉式输出级，其中 VT_3 组成射极输出器。这种输出级既能提高开关速度，又能提高负载能力。当输入高电平时，VT_4 饱和，VT_3 和 VD 处于截止状态，VT_4 的集电极电流可以全部用来驱动负载。当输入低电平时，VT_4 截止，VT_3 导通，且 VT_3 为射极输出器，其输出电阻很小，带负载能力很强。所以，无论输入为高电平还是低电平，VT_3 和 VT_4 总是处于一管导通而另一管截止的状态，采用推拉式工作方式，带负载能力很强。另外，由于 VT_1 和 VT_2 的放大作用，反相器的开关速度有很大提高。

1.3.3　其他类型 TTL 门电路

1. TTL 与非门

如图 1-51 所示为三输入 TTL 与非。多发射极三极管的每一个发射极能各自独立形成正向偏置的发射结，并可使三极管进入放大区或饱和区。从图 1-51 不难看出，当任何一个输入端为低电平时，VT_1 的发射结将正向导通，使得 VT_2、VT_4 截止，结果导致输出为高电平。当全部输入端为高电平时，VT_1 处于倒置工作状态，VT_2、VT_4 均饱和导通，VT_3 截止，使输出为低电平。这样就实现了与非门的逻辑功能，图 1-51（a）所示电路可以用图 1-51（b）的逻辑符号来表示。

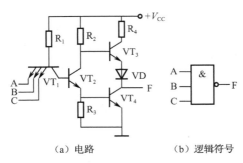

（a）电路　　　　（b）逻辑符号

图 1-51　三输入 TTL 与非门

2. 集电极开路门

前面讲到推拉式输出电路结构具有负载能力很强的优点，但使用时有一定的局限性。该电路输出端不能并联使用，倘若一个门的输出是高电平，一个门的输出是低电平，当两个门的输出端并联以后，必然有很大的电流同时流过这两个门的输出级，而且电流的数值远远超过正常的工作电流，可能损坏门电路。同时，输出端也呈现不高不低的电平，不能实现应有的逻辑功能。另外，在采用推拉式输出级的门电路中，电源一经确定（通常规定为5V），输出的高电平也就固定了，因而无法满足对不同输出高电平的需要。

集电极开路门（简称 OC 门）是为克服以上局限性而设计的一种 TTL 门电路。OC 门的输出级是集电极开路的。如图 1-52（a）所示是集电极开路的 TTL 与非门电路，图 1-52（b）是其逻辑符号，"◇"表示集电极开路。

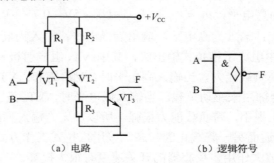

（a）电路　　　　　　　　　　（b）逻辑符号

图 1-52　集电极开路的 TTL 与非门

OC 门电路必须外接集电极负载电路，才能实现与非门的逻辑功能。可以通过将 OC 门的输出端并联，实现线与的功能。还可以通过在输出端的外接电阻上接上不同的电源电压，实现电平转换的功能。

3. 三态输出门

三态输出门（简称 TS 门）是在普通与非门的基础上外加一个控制电路而构成的。图 1-53给出了三态输出门的电路图及逻辑符号，逻辑符号中的"▽"表示输出为三态。

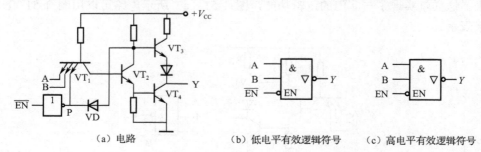

（a）电路　　　　　　（b）低电平有效逻辑符号　　（c）高电平有效逻辑符号

图 1-53　三态输出门

从图 1-53（a）中可以看出，当控制端 $\overline{EN}$ 为低电平时，非门输出端 P 点为高电平，二极管 VD 截止，电路的工作状态和普通的与非门工作状态一致，$Y = \overline{AB}$，输出状态由 A、B 输入状态决定，可能是高电平，也可能是低电平。而当控制端 $\overline{EN}$ 为高电平时，P 点为低电平，二极管 VD 导通，使得 VT_3 和 VT_4 均截止，输出呈现高阻状态。这样，门电路的输出就有三种可能出现的状态：高阻、高电平、低电平。因此，将这种门电路称为三态输出门。

因为当控制端 $\overline{EN}$ =0 时，电路为正常的与非门工作状态，所以称控制端低电平有效。图 1-53（b）是图 1-53（a）的逻辑符号。由于 $\overline{EN}$ 是低电平有效，故在输入端加"○"表示。有些三态输出门控制端是高电平有效，当 EN=1 时，门电路处于工作状态，其逻辑符号如图 1-53（c）所示。三态输出门的主要用途是实现总线传输。

1.3.4 各种 TTL 数字集成电路系列

TTL 数字集成电路是数字集成电路的一大门类。它采用双极型工艺制造，具有速度高和品种多等特点。TTL 数字集成电路有上百个品种，大致分为以下几类：门电路、译码器、编码器、驱动器、触发器、计数器、寄存器、单稳态电路、双稳态电路、多谐振荡器、加法器、乘法器、奇偶校验器、码制转换器、线驱动器、线接收器、多路开关、存储器等。

TTL 逻辑门电路有民用 74 系列和军用 54 系列两大类，每一个系列都包含若干子系列。以民用系列为例。74 系列为标准 TTL 系列，74L 为低功耗 TTL 系列，74S 为肖特基 TTL 系列，74AS 为先进肖特基 TTL 系列，74LS 为低功耗肖特基 TTL 系列，74ALS 为先进低功耗肖特基 TTL 系列。在设计电路时，选择 TTL 集成电路应考虑其运算速度和功耗。74LS 系列产品具有比较好的综合性能，是 TTL 集成电路的主流。军用 54 系列和 74 系列具有相同的子系列，两个系列的参数基本相同，主要是电源电压范围和工作温度范围有所不同。54 系列适用范围更大一些。

1.4 CMOS 基本逻辑门电路

MOS 门电路是以 MOS 管作为开关元件构成的电路。MOS 门电路和 TTL 门电路就逻辑功能而言并无区别。MOS 门电路，尤其是 CMOS 门电路，具有制造工艺简单、集成度高、抗干扰能力强、功耗低、价格便宜等优点，得到了十分迅速的发展和广泛的应用。

1.4.1 MOS 管的开关特性

MOS 管有两种结构形式，分别是 N 沟道型和 P 沟道型。无论哪种结构形式，都分为增强型和耗尽型两种。

1. NMOS 管的开关特性

在数字电路中，采用增强型 NMOS 管比较多。NMOS 管的电路符号和转移特性如图 1-54 所示，通常源极 S 和衬底 B 连在一起，漏极 D 接正电源。当栅极 G 加正向电压并超过开启电压 U_T 时，NMOS 管导通，导通电阻非常小；当栅极 G 所加电压小于开启电压 U_T 时，NMOS 管截止。

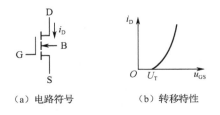

（a）电路符号　　　　（b）转移特性

图 1-54　NMOS 管的电路符号和转移特性

2. PMOS 管的开关特性

增强型 PMOS 管的电路符号和转移特性如图 1-55 所示。与 NMOS 管不同，通常 PMOS

管的漏极 D 接负电源或电源的负端。当栅极 G 加反向电压并低于开启电压 U_T 时（U_T 为负值），PMOS 管导通，导通电阻同样非常小；当栅极 G 所加电压大于 U_T 时，PMOS 管截止。

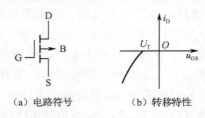

（a）电路符号　　　　　（b）转移特性

图 1-55　PMOS 管的电路符号和转移特性

1.4.2　CMOS 反相器

1. 工作原理

图 1-56 给出了 CMOS 反相器的基本电路结构。由该图可以看出，VT_P 为 PMOS 管，VT_N

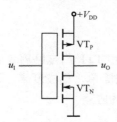

图 1-56　CMOS 反相器电路

为 NMOS 管。VT_P 的源极接 +V_{DD}，VT_N 的源极接地，VT_P 和 VT_N 的漏极相连作为输出端，两管的栅极相连作为输入端。设 VT_P 和 VT_N 的开启电压 $|U_{TP}|=U_{TN}$，且小于 V_{DD}。通常将 VT_P 称为负载管，VT_N 称为驱动管。

当 $u_I=U_{IL}=0V$ 时，VT_N 截止，VT_P 导通，$u_O=U_{OH}\approx V_{DD}$。其中，U_{IL} 为输入低电平，U_{OH} 为输出高电平。

当 $u_I=U_{IH}=V_{DD}$ 时，VT_N 导通，VT_P 截止，$u_O=U_{OL}\approx 0V$。其中，U_{IH} 为输入高电平，U_{OL} 为输出低电平。

可见，图 1-56 所示电路实现了反相器的功能。通过分析可以知道，不管 u_I 为高电平还是低电平，VT_P 和 VT_N 总是一管导通而另一管截止，流过 VT_P 和 VT_N 的静态电流极小，因此 CMOS 反相器的静态功耗极小，这是 CMOS 电路最突出的优点之一。

2. CMOS 电路的优点

1）功耗小

CMOS 电路处于静态时，VT_P 和 VT_N 中总有一个管子是截止的，因此 CMOS 电路静态电流很小。虽然 CMOS 电路的动态功耗比静态功耗大，而且随着 CMOS 电路工作频率的增加，开关次数增加，动态功耗就越大，但是 CMOS 电路的功耗仍旧比双极型电路小得多。

2）负载能力强

如果负载门和驱动门都是 CMOS 电路，即 CMOS 电路驱动 CMOS 电路，输入电阻值将很高，几乎既不从前级取电流，也不向前级灌电流。如果不考虑工作速度，CMOS 门的带负载能力几乎是无限的。但考虑到 MOS 管存在输入电容效应，一般 CMOS 电路可以带 50 个以上同类门。

3）电源电压范围宽

CMOS 电路通常使用的电源电压和 TTL 电路一样为 5V，但多数 CMOS 电路可在 3～18V 直流电源电压范围内正常工作。很宽的 CMOS 电源电压范围，给使用电路带来了许多方便。

电源电压低对于减小功耗十分有利，电源电压高可以提高电路的抗干扰能力。在设计电路时应选择合适的电源电压进行供电。

1.4.3 其他类型 CMOS 门电路

1. CMOS 或非门

图 1-57 给出了 2 输入 CMOS 或非门电路。其中，两个 NMOS 管 VTN_1 和 VTN_2 并联作为驱动管，两个 PMOS 管 VT_{P1} 和 VT_{P2} 串联作为负载管。A、B 输入中只要有一个为高电平，其对应的驱动管将导通、负载管将截止，输出为低电平；当输入全为低电平时，两个驱动管均截止，两个负载管均导通，输出为高电平。因此，该电路具有或非逻辑功能。

2. CMOS 与非门

图 1-58 给出了 2 输入 CMOS 与非门电路。其中，两个 NMOS 驱动管串联，而 PMOS 负载管并联。当输入 A、B 中有低电平时，其对应的驱动管截止、负载管导通，输出为高电平；当输入全为高电平时，两个驱动管均导通，负载管均截止，输出为低电平。因此，该电路具有与非逻辑功能。

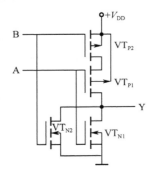

图 1-57 CMOS 或非门电路

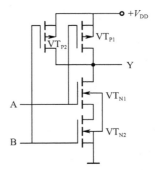

图 1-58 CMOS 与非门电路

3. CMOS 传输门

CMOS 传输门也是构成各种逻辑电路的一种 CMOS 基本单元，它既可以传送数字信号，又可以传输模拟信号，是一种可控的开关电路。

1）电路结构

CMOS 传输门电路如图 1-59（a）所示。它由一个 PMOS 管 VT_P 和一个 NMOS 管 VT_N 并联而成，具有很低的导通电阻和很高的截止电阻。由图 1-59（a）可以看出，VT_P 的漏极与 VT_N 的源极相连，VT_P 的源极与 VT_N 的漏极相连，两个连接点分别作为输入端和输出端；VT_P 的衬底接 V_{DD}，VT_N 的衬底接地。C 和 $\overline{C}$ 是一对互补的控制信号。由于 VT_P 和 VT_N 在结构上对称，所以图中的输入端和输出端可以互换，故又称为双向开关。

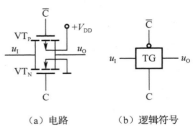

（a）电路　　　（b）逻辑符号

图 1-59 CMOS 传输门

2）工作原理

若 C 接 V_{DD}，即 C=1，$\overline{C}$ 接地，即 $\overline{C}$ =0，当 $0<u_I<(V_{DD}-|U_T|)$ 时，VT_N 导通；而当 $|U_T|<u_I<V_{DD}$ 时，VT_P 导通。因此，当 u_I 在 $0\sim V_{DD}$ 范围内变化时，VT_P 和 VT_N 中至少有一管导通，使得传输门 TG 导通。

若 C 接地，即 C=0，$\overline{C}$ 接 V_{DD}，即 $\overline{C}$ =1，当 u_I 在 $0\sim V_{DD}$ 范围内变化时，VT_P 和 VT_N 均截止，传输门 TG 截止。

3）应用举例

图 1-60 给出了一个 CMOS 模拟开关电路，它由两个 CMOS 传输门和一个反相器构成，C 为控制端。当 C=0 时，TG_1 导通，TG_2 截止，$u_O=u_{I1}$；当 C=1 时，TG_1 截止，TG_2 导通，$u_O=u_{I2}$。这样就实现了单刀双掷开关的功能。

图 1-61 显示了一个 CMOS 三态门，它由两个反相器和一个 CMOS 传输门构成。当 $\overline{EN}$ =0 时，TG 导通，$F=\overline{A}$；当 $\overline{EN}$ =1 时，TG 截止，F 为高阻输出，实现了三态输出。可见，图 1-61（a）是一个三态输出的 CMOS 反相器，图 1-61（b）是其逻辑符号。

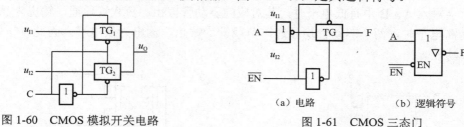

图 1-60　CMOS 模拟开关电路　　　　　图 1-61　CMOS 三态门

1.4.4　各种 CMOS 数字集成电路系列

CMOS 数字集成电路主要有以下几个系列。

1. 基本的 CMOS 电路——4000 系列

这是最早的 CMOS 集成门产品，工作电源电压范围为 $3\sim 18V$，由于具有功耗低、噪声容限大、扇出系数大等优点，已得到普遍使用。缺点是工作速度较低，平均传输延迟时间为几十纳秒，最高工作频率小于 5MHz。

2. 高速的 CMOS 电路——HC（HCT）系列

该系列电路主要从制造工艺上做了改进，工作速度大大提高，平均传输延迟时间小于 10ns，最高工作频率可达 50MHz。HC 系列的电源电压范围为 $2\sim 6V$。HCT 系列的主要特点是与 TTL 器件电压兼容，它的电源电压范围为 $4.5\sim 5.5V$。它的输入电压参数为 $U_{IH(min)}=2.0V$，$U_{IL(max)}=0.8V$，与 TTL 完全相同。另外，74HC/HCT 系列与 74LS 系列的产品，只要最后 3 位数字相同，则两种器件的逻辑功能、外形尺寸、引脚排列顺序也完全相同，这样就为以 CMOS 产品代替 TTL 产品提供了方便。

3. 先进的 CMOS 电路——AC（ACT）系列

该系列 CMOS 电路工作频率更高，同时保持了超低功耗的特点。其中，ACT 系列与 TTL

器件电压兼容，电源电压范围为 4.5～5.5V。AC 系列的电源电压范围为 1.5～5.5V。AC（ACT）系列的逻辑功能、引脚排列顺序都与同型号的 HC（HCT）系列完全相同。

1.5　TTL 门电路与 CMOS 门电路的使用知识及相互连接

1.5.1　CMOS 门电路的使用知识

1. 输入电路的静电保护

CMOS 电路的输入端都设置了保护电路，给使用者带来了极大方便。但是，这种保护还是非常有限的。由于 CMOS 电路的输入阻抗高，极易感应出比较高的静电电压，从而击穿 MOS 管栅极极薄的绝缘层，造成器件的永久损坏。为了避免静电损坏，应注意以下几点。

（1）所有与 CMOS 电路直接接触的工具、仪表等必须可靠接地。

（2）存储和运输 CMOS 电路时，最好采用金属屏蔽层做包装材料。

（3）设计人员在操作 CMOS 电路时，必须采取合适的静电防护措施。

2. 多余的输入端不能悬空

输入端悬空极易感应出较高的静电电压，造成器件的永久损坏。对多余的输入端，可以按功能要求接电源或接地，或者与其他输入端并联使用。

1.5.2　TTL 门电路的使用知识

1. 安装电路时应尽量避免干扰信号的侵入

（1）为了保证电路稳定工作，应在每一个插板或者 TTL 集成块的电源线上，并接几十微法的低频稳压电容和 0.01～0.047μF 的高频去耦电容，以防止 TTL 电路的动态尖峰电流产生的干扰。

（2）整机装置应有良好的接地系统。

2. 多余或暂时不用的输入端不能悬空

TTL 电路输入端结构是发射极输入，端子悬空时没有电流输出到地电位，即输入端没有接地，是非 0 状态。为了使电路正常工作，通常将不用的输入端与其他输入端并联使用，也可以将不用的输入端按照电路功能要求接电源或接地。比如，将与门、与非门的多余输入端接电源，将或门、或非门的多余输入端接地。

1.5.3　TTL 门电路和 CMOS 门电路相互连接

在设计数字电路时，往往需要将多种逻辑器件混合使用，最常见的就是 TTL 和 CMOS 两种器件混合使用。一般在不同电路之间进行连接时需要考虑电平匹配和电流匹配的问题。由于 TTL 和 CMOS 电路的电压和电流参数各不相同，因此须采用接口电路。所谓电平匹配，就是驱动门要为负载门提供符合标准的输出高电平和低电平。所谓电流匹配，就是驱动门要为负载门提供足够大的驱动电流。下面分别进行讨论。

1. TTL 门驱动 CMOS 门

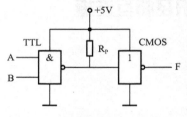

图 1-62   TTL 门驱动 CMOS 门

TTL 门作为驱动门，其输出高电平电压大于等于 2.4V，输出低电平电压小于等于 0.5V；CMOS 门作为负载门，其输入高电平电压大于等于 3.5V，输入低电平电压小于等于 1V。可见 TTL 门的输出高电平电压不符合要求，所以电平匹配存在问题。CMOS 电路输入电流基本为零，所以电流匹配不会有问题。可以通过图 1-62 所示的方式解决电平匹配问题。图中通过在 TTL 门电路的输出端外接一个上拉电阻，使 TTL 门电路的输出电压接近 5V。若电源电压不一致，可选用电平转换电路或者采用 TTL 的 OC 门实现电平转换。

2. CMOS 门驱动 TTL 门

CMOS 门作为驱动门，其输出高电平电压接近 5V，输出低电平电压接近 0V；TTL 门作为负载门，其输入高电平电压大于等于 2.0V，输入低电平电压小于等于 0.8V。可见两者的电平匹配没有问题。CMOS 电路允许的最大灌电流为 0.4mA，而 TTL 电路的电流大约为 1.4mA，存在驱动电流不足的问题。这时须匹配缓冲器来提高 CMOS 门电路输出驱动电流，从而解决电流匹配的问题。

本章内容是你迈入数字电子技术这门学科的基础。数字技术对于计算机、通信、智能制造、互联网等各个领域都有着无可替代的重要作用。我国的十四五规划也指出要打造数字经济新优势，使数字经济的核心产业达到国内生产总值的 10%。在这个五年规划里，高端芯片将是数字技术要突破的一个关键点，在接下来的章节里，你将会学到更多的芯片知识。

未来将是一个数字化社会，更多场景会实现更深入的数字化。这得益于数字技术的快速发展，而数字技术的发展，正是因为有很多极具钻研精神、勇于质疑和创新的科学家，不断攻克了一个又一个的技术难关才实现的。青年强，则国强，作为现代大学生，也要发扬刻苦钻研和创新精神，从学好、应用好数字电子技术开始，逐步提升自身的水平，为我国的科技强国和经济发展做出卓越贡献。

1.6 习题

1. 将下列十进制数转换成二进制数、八进制数和十六进制数。
（1）25   （2）113

2. 将下列二进制数转换为十进制数、八进制数和十六进制数。
（1）10110   （2）1011101

3. 将下列八进制数转换成十进制数、二进制数和十六进制数。
（1）36   （2）165

4. 将下列十六进制数转换成十进制数、二进制数和八进制数。
（1）5B   （2）3AF

5. 用真值表证明下列等式成立。
（1）$A + BC = (A + B)(A + C)$
（2）$A \oplus B = \overline{A} \oplus \overline{B}$

（3）$\overline{A+B}=\overline{A}\overline{B}$

（4）$A\oplus 1=\overline{A}$

6. 利用公式和运算规则证明下列等式成立。

（1）$A+\overline{A}B+\overline{B}=1$

（2）$AB+\overline{A}C+\overline{B}C=AB+C$

（3）$A\oplus B+AB=A+B$

（4）$(A+B)(\overline{A}+C)(B+C+D)=(A+B)(\overline{A}+C)$

7. 用卡诺图化简法将下列函数化简为最简与或表达式。

（1）$Y=AB+\overline{B}\overline{C}+\overline{A}B$

（2）$Y=(A+B)(\overline{A}+B)$

（3）$Y(A,B,C)=\sum m(0,1,2,4,5,6)$

（4）$Y(A,B,C,D)=\sum m(13,14,15)+\sum d(1,6,9)$

8. 输入信号的波形如图 1-63（a）所示，试画出图 1-63（b）中 $Y_1\sim Y_4$ 的波形图（不考虑门电路的传输延迟时间）。

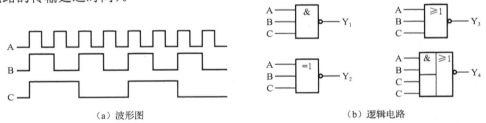

（a）波形图　　　　　　　　　　（b）逻辑电路

图 1-63　习题 8 图

9. 指出图 1-64 中各门电路的输出状态（高电平、低电平或高阻状态）。已知这些门电路均为 74 系列 TTL 门电路。

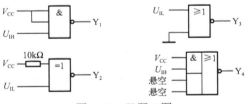

图 1-64　习题 9 图

10. 试说明下列各种门电路中，哪些可以将输出端并联使用（输入端的状态不一定相同）。

（1）具有推拉式输出级的电路。

（2）TTL 集电极开路门。

（3）TTL 三态门。

（4）普通的 CMOS 门。

（5）CMOS 三态门。

项目二

八路声光报警器

报警器是一种为防止某事件发生所造成的后果，以声音、光等形式来提醒或警示人们应当采取某种行动的电子产品。声光报警是指触发报警开关后，报警器的光报警指示灯亮或显示相关信息，蜂鸣器发出报警声。本项目中的八路声光报警器使用八位优先编码器将输入的八路开关量译成三位 BCD 码，经七段译码器译码，由显示器显示报警路号，发出数码光报警信号；本项目中的声报警电路由 NE555 和反相器组成，NE555 和电阻、电容构成多谐振荡器，高频多谐振荡器工作时，输出信号驱动扬声器发出类似寻呼机应答声的报警声。

【项目学习目标】

❖ 能认识项目中元器件的符号
❖ 能认识、检测及选用元器件
❖ 能查阅元器件手册并根据手册进行元器件的选择和应用
❖ 能分析电路的原理和工作过程
❖ 能对八路声光报警器电路进行仿真分析和验证
❖ 能制作和调试八路声光报警器电路
❖ 能文明操作，遵守实训室管理规定
❖ 能相互协作完成技术文档并进行项目汇报

【项目任务分析】

➢ 学习和查阅相关元器件的技术手册，进行元器件的检测，完成项目元器件检测表
➢ 通过对相关专业知识的学习，分析项目电路工作原理，完成项目原理分析表
➢ 在 Proteus 软件中进行项目的仿真分析和验证，完成仿真分析表
➢ 按照安装工艺的要求进行项目装配和调试，并完成调试表
➢ 撰写项目制作与调试报告
➢ 项目完成后进行展示汇报及作品互评，完成项目评价表

【项目电路组成】

八路声光报警器电路主要由报警信号编码电路、声报警电路和光报警电路所组成，电路组成框图如图 2-1 所示，项目的总电路原理图如图 2-2 所示。

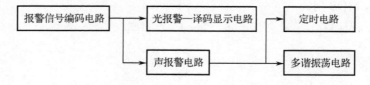

图 2-1　八路声光报警器电路组成框图

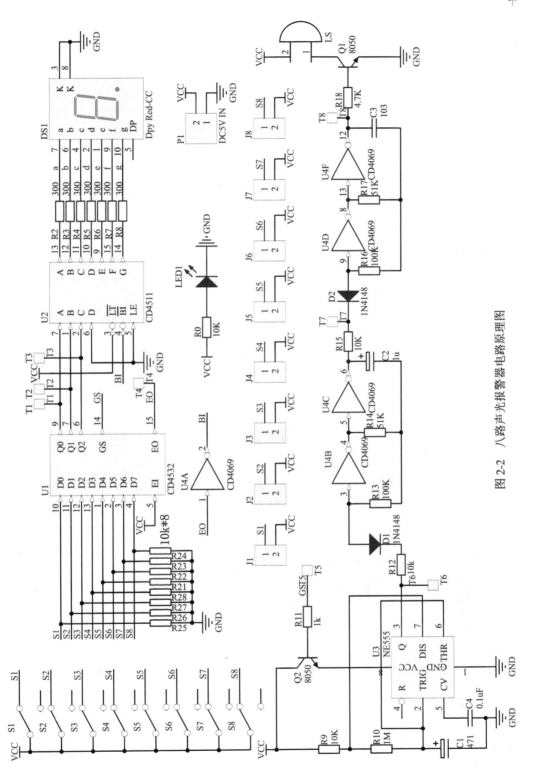

图 2-2　八路声光报警器电路原理图

49

任务 1 八路声光报警器工作原理分析

【学习目标】

（1）能认识常用的元器件符号。

（2）能分析八路声光报警器模块电路的组成及工作过程。

（3）能对八路声光报警器模块进行仿真。

【工作内容】

（1）认识 CD4532、CD4511、七段数码管、NE555、CD4069 的符号。

（2）对组成模块的电路进行分析和参数计算。

（3）对八路声光报警器模块电路进行仿真分析。

子任务 1 认知电路中的元器件

1. 八位优先编码器（CD4532）

1）引脚排列与封装

CD4532 芯片的主要功能是在编码器工作时，将输入 D0～D7 的八路开关量译成三位 BCD 码，由 Q0～Q2 输出。CD4532 芯片为 16 脚双列密封封装，封装后的 CD4532 芯片还包括编码器控制 EI（Ein）端、组输出选通 GS 端、输出选通 EO（Eout）端、电源 VDD 端、接地 VSS 端。其封装与引脚排列如图 2-3 和图 2-4 所示。

图 2-3 CD4532 封装图   图 2-4 CD4532 引脚排列

2）真值表

CD4532 的真值表见表 2-1。其中，"X"表示任意值。

3）引脚功能与说明

➤ VDD（16 脚）：正电源。

➤ VSS（8 脚）：接地。

➤ EI（Ein，5 脚）：选通输入端。高电平时编码器工作，低电平时编码器停止工作。

➤ D0（10 脚）、D1（11 脚）、D2（12 脚）、D3（13 脚）、D4（1 脚）、D5（2 脚）、D6（3 脚）、D7（4 脚）：8 个数据输入端。输入优先级次序为 D7～D0。

➤ Q0（9 脚）、Q1（7 脚）、Q2（6 脚）：BCD 码输出端。

➤ GS（14 脚）：组选通输出端。编码器工作时，D0～D7 有输入信号，则 GS 端为高电平。

➤ EO（Eout，15 脚）：选通输出端。编码器工作时，D0～D7 无输入信号，则 EO 端为高电平。

表 2-1 CD4532 的真值表

输入									输出				
EI	D7	D6	D5	D4	D3	D2	D1	D0	GS	Q2	Q1	Q0	EO
0	X	X	X	X	X	X	X	X	0	0	0	0	0
1	0	0	0	0	0	0	0	0	0	0	0	0	1
1	1	X	X	X	X	X	X	X	1	1	1	1	0
1	0	1	X	X	X	X	X	X	1	1	1	0	0
1	0	0	1	X	X	X	X	X	1	1	0	1	0
1	0	0	0	1	X	X	X	X	1	1	0	0	0
1	0	0	0	0	1	X	X	X	1	0	1	1	0
1	0	0	0	0	0	1	X	X	1	0	1	0	0
1	0	0	0	0	0	0	1	X	1	0	0	1	0
1	0	0	0	0	0	0	0	1	1	0	0	0	0

2. BCD 锁存/七段译码/驱动器（CD4511）

1）引脚排列与封装

CD4511 是 BCD 锁存/七段译码/驱动器，用于驱动共阴极 LED（数码管）显示器的 BCD 码-七段码译码器。CD4511 具有锁存、BCD 译码、消隐功能，通常用以驱动 LED。其封装与引脚排列如图 2-5 和图 2-6 所示。

图 2-5 CD4511 封装图

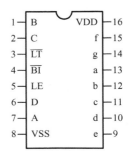

图 2-6 CD4511 引脚排列

2）真值表

CD4511 的真值表见表 2-2。其中，"X"表示任意值。数码管显示字型如图 2-7 所示。

表 2-7　CD4511 的真值表

输入							输出							
LE	$\overline{BI}$	$\overline{LT}$	D	C	B	A	a	b	c	d	e	f	g	显示字型
X	X	0	X	X	X	X	1	1	1	1	1	1	1	8
X	0	1	X	X	X	X	0	0	0	0	0	0	0	消隐
0	1	1	0	0	0	0	1	1	1	1	1	1	0	0
0	1	1	0	0	0	1	0	1	1	0	0	0	0	1
0	1	1	0	0	1	0	1	1	0	1	1	0	1	2
0	1	1	0	0	1	1	1	1	1	1	0	0	1	3
0	1	1	0	1	0	0	0	1	1	0	0	1	1	4
0	1	1	0	1	0	1	1	0	1	1	0	1	1	5
0	1	1	0	1	1	0	0	0	1	1	1	1	1	6
0	1	1	0	1	1	1	1	1	1	0	0	0	0	7
0	1	1	1	0	0	0	1	1	1	1	1	1	1	8
0	1	1	1	0	0	1	1	1	1	1	0	1	1	9
0	1	1	1	0	1	0	0	0	0	0	0	0	0	
0	1	1	1	0	1	1	0	0	0	0	0	0	0	
0	1	1	1	1	0	0	0	0	0	0	0	0	0	
0	1	1	1	1	0	1	0	0	0	0	0	0	0	
0	1	1	1	1	1	0	0	0	0	0	0	0	0	
0	1	1	1	1	1	1	0	0	0	0	0	0	0	
1	1	1	X	X	X	X	*							*

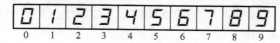

图 2-7　CD4511 驱动数码管显示字型

3）引脚功能与说明

➤ VDD（16 脚）：正电源。

➤ VSS（8 脚）：接地。

➤ $\overline{BI}$（4 脚）：消隐输入控制端，当 $\overline{BI}$=0 时，不管其他输入端状态如何，七段数码管均处于熄灭（消隐）状态，不显示数字。

➤ $\overline{LT}$（3 脚）：测试输入端，当 $\overline{LT}$=0 时，译码输出全为 1，不管输入 D、C、B、A 状态如何，七段数码管均发亮，显示 "8"。它主要用来检测数码管是否损坏。

➤ LE（5 脚）：锁定控制端，当 LE=0 时，允许译码输出。 LE=1 时，译码器处于锁定保持状态，译码器输出被保持在 LE=0 时的数值。

➤ A（7 脚）、B（1 脚）、C（2 脚）、D（6 脚）：8421BCD 码输入端。

> a（13 脚）、b（12 脚）、c（11 脚）、d（10 脚）、e（9 脚）、f（15 脚）、g（14 脚）：译码输出端，输出为高电平时有效。

3. 七段数码管

七段数码管一般由 8 个发光二极管组成，其中 7 个细长的发光二极管显示数字，另外一个圆形的发光二极管显示小数点。当一个发光二极管导通时，相应的一个点或一个笔画发光。控制相应的二极管导通，就能显示出各种字符。尽管数码管显示的字符形状有些失真，能显示的字符数量也有限，但其控制简单，使用也方便。发光二极管的阳极连在一起的称为共阳极数码管，阴极连在一起的称为共阴极数码管。七段数码管的封装与引脚排列如图 2-8 和图 2-9 所示。

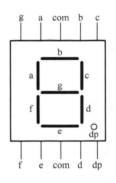

图 2-8　七段数码管封装图　　　　　　图 2-9　七段数码管引脚排列

4. 555 定时器（NE555）

1）引脚排列与封装

NE555 是一种应用特别广泛、作用很大的集成电路，属于小规模集成电路，在很多电子产品中都有应用。其作用是用内部的定时器构成时基电路，给其他电路提供时序脉冲。NE555 有两种封装形式，一种是 DIP 双列直插 8 脚封装，另一种是 SOP-8 小型封装，内部结构和工作原理都相同。其封装与引脚排列如图 2-10 和图 2-11 所示。

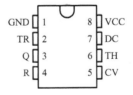

图 2-10　NE555 封装图　　　　　图 2-11　NE555 引脚排列

2）主要参数

> 供应电压：4.5～18V。
> 供应电流：3～6mA。
> 输出电流：225mA（max）。

- ➢ 上升/下降时间：100ns。

3）引脚功能与说明

- ➢ VCC（8脚）：正电源。
- ➢ GND（1脚）：接地。
- ➢ TR（2脚）：触发端。触发 NE555，使其启动它的时间周期。触发信号上缘电压须大于 $2/3\ V_{CC}$，下缘电压须小于 $1/3\ V_{CC}$。
- ➢ Q（3脚）：输出端。输出状态受触发器控制。
- ➢ R（4脚）：复位端。将一个低逻辑电位送至这个引脚时，会重置定时器并使输出回到低电位。它通常被接到正电源或忽略不用。
- ➢ CV（5脚）：控制端，允许由外部电压改变触发和闸限电压。当计时器工作在稳定或振荡的运作方式下时，能用它来改变或调整输出频率。
- ➢ TH（6脚）：重置锁定端。
- ➢ DC（7脚）：放电端，其和主要的输出端有相同的电流输出能力。当输出为 ON 时为 LOW，对地为低阻抗；当输出为 OFF 时为 HIGH，对地为高阻抗。

5. 六路反相器（CD4069）

1）引脚排列与封装

CD4069 是常规的六路反相器，每一路反相器都是相对独立的。此器件主要用作通用反相器。其封装与引脚排列如图 2-12 和图 2-13 所示。

图 2-12　CD4069 封装图

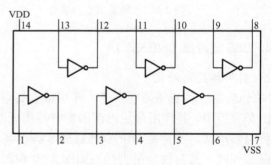

图 2-13　CD4069 引脚排列

2）引脚功能与说明

- ➢ 1脚：反相器1输入端。
- ➢ 2脚：反相器1输出端。
- ➢ 3脚：反相器2输入端。
- ➢ 4脚：反相器2输出端。
- ➢ 5脚：反相器3输入端。
- ➢ 6脚：反相器3输出端。
- ➢ 7脚：接地。

- ➢ 8脚：反相器4输出端。
- ➢ 9脚：反相器4输入端。
- ➢ 10脚：反相器5输出端。
- ➢ 11脚：反相器5输入端。
- ➢ 12脚：反相器6输出端。
- ➢ 13脚：反相器6输入端。
- ➢ 14脚：正电源。

子任务 2　电路原理认知学习

1．八路声光报警器电路组成

八路声光报警器电路原理图如图 2-2 所示，从图中可以看出，该模块包括报警信号编码电路、光报警—译码显示电路、声报警—定时电路和声报警—多谐振荡电路。

2．各部分电路分析

1）报警信号编码电路

报警信号编码电路主要由八路报警开关和八位优先编码器（CD4532）组成，如图 2-14 所示。利用八路报警开关检测报警信号，再通过八位优先编码器（CD4532）将报警信号编译为 BCD 码以便输出。

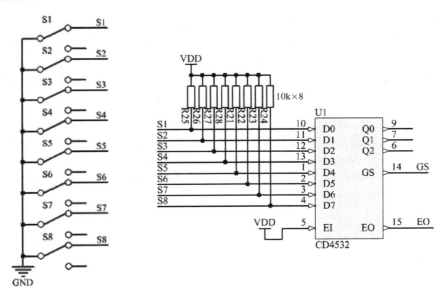

图 2-14　报警信号编码电路

如图 2-14 所示，S1～S8 是八路报警开关，分别产生 S1～S8 八路报警信号。八位优先编码器（CD4532）将接收到的八路报警信号编译为由 Q2～Q0 组成的 BCD 码。为了使八位优先编码器（CD4532）正常工作，在其 EI 端（选通输入端，5 脚）接入正电源信号。

如图 2-15 所示，EO 端（选通输出端，15 脚）经过一个反相器，输出 BI 信号，控制 BCD 显示译码器的显示与消隐状态。

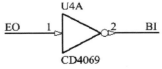

图 2-15　EO 经反相器
输出 BI 信号

GS 端（组选通输出端，14 脚）为声报警—定时电路和声报警—多谐振荡电路提供控制信号。

2）光报警—译码显示电路

光报警—译码显示电路主要由 BCD 译码器（CD4511）和七段数码管组成，如图 2-16 所示。利用 BCD 译码器（CD4511）将八位优先编码器（CD4532）产生的 BCD 码编译为日常符号显示至七段数码管。

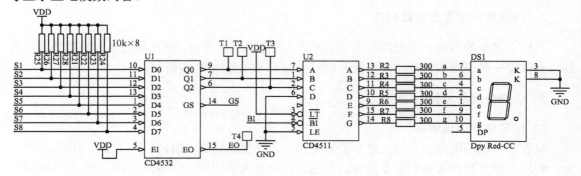

图 2.16　光报警—译码显示电路

如图 2-16 所示，八位优先编码器（CD4532）产生的 BCD 码 Q2～Q0 接入 BCD 译码器（CD4511）的 A、B、C 端。由于 BCD 译码器（CD4511）可进行 4 位 BCD 码编译，而本项目只需编译 3 位 BCD 码，因此将最高位 D 端（6 脚）接地。LE 端（锁定控制端，5 脚）为 0 时，允许译码输出，因此该端也接地。由于本项目使用的优先编码器输出的是 3 位 BCD 码，输出数值有效范围为 000～111，所以经显示译码器翻译显示的数值范围为 0～7。

八位优先编码器（CD4532）没有接收到报警信号时，EO 端（选通输出端，15 脚）输出高电平，经过一个反相器，输出的 BI 信号为低电平，因此 BCD 译码器（CD4511）处于消隐状态，不显示任何数值。若八位优先编码器（CD4532）接收到报警信号，EO 端（选通输出端，15 脚）将输出低电平，经过一个反相器，输出的 BI 信号为高电平，则 BCD 译码器（CD4511）处于显示状态，在七段数码管上显示相应的报警路段编号。

3）声报警—定时电路

声报警—定时电路主要由 NE555 构成，如图 2-17 所示。NE555 和 R9、R10、C1 构成多谐振荡器，由 Q 端（输出端，3 脚）输出周期为 60s 的方波。

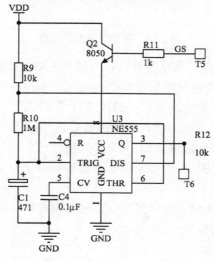

图 2-17　声报警—定时电路

如图 2-14 所示，若八位优先编码器（CD4532）将接收到的八路报警信号编译为由 Q2～Q0 组成的 BCD 码，同时 GS 端（组选通输出端，14 脚）输出高电平信号，则 NE555 的 VCC 端（正电源，8 脚）接收到高电平信号，多谐振荡器工作，Q 端（输出端，3 脚）输出周期为 60s 的方波；若八位优先编码器（CD4532）没有接收到报警信号，则 GS 端（组选通输出端，14 脚）输出低电平信号，NE555 的 VCC 端（正电源，8 脚）接收到低电平信号，多谐振荡器不工作。多谐振荡器的输出信号周期为 $T=(R_9+2 \cdot R_{10}) \cdot C_1 \cdot \ln 2$。

4）声报警—多谐振荡电路

声报警—多谐振荡电路主要由 CD4069 中的反相器和电阻、电容构成，如图 2-18 所示。

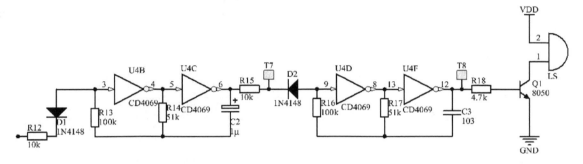

图 2-18　声报警—多谐振荡电路

声报警—定时电路中的 NE555 定时器 Q 端（输出端，3 脚）输出低电平期间，CD4069 中的 U4B、U4C 与 R13、R14、C2 构成的低频多谐振荡器停振；Q 端（输出端，3 脚）输出高电平期间，低频多谐振荡器工作。在低频振荡器输出高电平期间，由 U4D、U4F 与 R16、R17、C3 构成的高频多谐振荡器工作，驱动扬声器发出类似寻呼机应答声的报警声。前级输出的信号周期为 $T \approx 2R_{14} \cdot C_2 \cdot \ln 3 \approx 2.2 R_{14} \cdot C_2$，后级输出的信号周期的计算方法同前。

任务 2　八路声光报警器电路项目仿真分析与验证

【学习目标】

（1）能利用 Proteus 软件对八路声光报警器电路进行绘制和仿真。

（2）能分析和验证电路的工作流程和实现方法。

（3）能对各关键点的信号进行分析和检测。

（4）遇到电路故障时能够分析、判断和排除故障。

【工作内容】

（1）利用 Proteus 软件对各模块电路进行绘制和仿真。

（2）通过软件仿真完成对电路功能的验证。

（3）分析和测试各关键点信号。

（4）分析和排除故障。

子任务1 报警信号编码电路仿真

1. 绘制电路图

在 Proteus 软件中完成图 2-19 所示的仿真电路图，完成仿真分析相应的检测表。

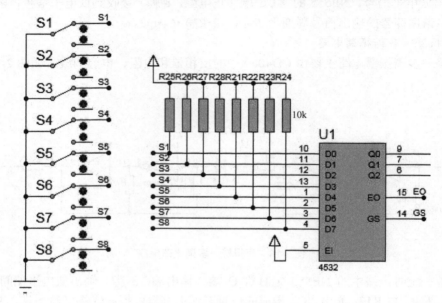

图 2-19 报警信号编码电路调试仿真电路图

2. 仿真记录

1）无报警信号

启动仿真，设置所有报警开关为不报警状态，记录八位优先编码器（CD4532）各引脚电平情况，完成表 2-3。

提示：Proteus 软件仿真运行时，器件端显示蓝色小方块为低电平状态，记录为"0"；器件端显示红色小方块为高电平状态，记录为"1"。

表 2-3 无报警信号时报警信号编码电路仿真记录表

输入									输出				
EI	D7	D6	D5	D4	D3	D2	D1	D0	GS	Q2	Q1	Q0	EO
1													

2）有报警信号

启动仿真，设置报警开关为报警状态，记录八位优先编码器（CD4532）各引脚电平情况，完成表 2-4。

提示：表 2-4 中，"X"表示任意值，即"0"、"1"皆可。

表 2-4 有报警信号时报警信号编码电路仿真记录表

报警开关	输入									输出				
	EI	D7	D6	D5	D4	D3	D2	D1	D0	GS	Q2	Q1	Q0	EO
S1														
S2									X					
S3								X	X					
S4							X	X	X					
S5						X	X	X	X					
S6					X	X	X	X	X					
S7				X	X	X	X	X	X					
S8			X	X	X	X	X	X	X					

子任务 2　光报警—译码显示电路仿真

1. 绘制电路图

在 Proteus 软件中完成图 2-20 所示的仿真电路图，完成仿真分析相应的检测表。

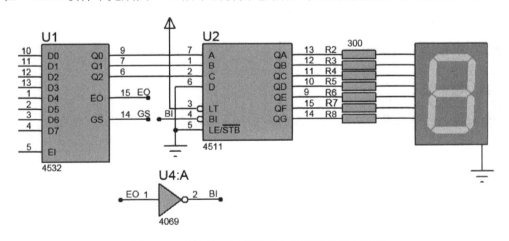

图 2-20　光报警—译码显示电路调试仿真电路图

2. 仿真记录

1）无报警信号

启动仿真，设置所有报警开关为不报警状态，记录 BCD 译码器（CD4511）各引脚电平情况，完成表 2-5。

2）有报警信号

启动仿真，设置报警开关为报警状态，记录 BCD 译码器（CD4511）各引脚电平情况，完成表 2-6。

表 2-5　无报警信号时译码显示电路仿真记录表

输入							输出							显示字型
LE	$\overline{BI}$	$\overline{LT}$	D	C	B	A	a	b	c	d	e	f	g	
0		1												

表 2-6　有报警信号时译码显示电路仿真记录表

输入								输出							显示字型
报警开关	LE	$\overline{BI}$	$\overline{LT}$	D	C	B	A	a	b	c	d	e	f	g	
S1	0		1												
S2	0		1												
S3	0		1												
S4	0		1												
S5	0		1												
S6	0		1												
S7	0		1												
S8	0		1												

子任务 3　声报警—定时电路仿真

1. 绘制电路图

在 Proteus 软件中完成图 2-21 所示的仿真电路图，完成仿真分析相应的检测表。

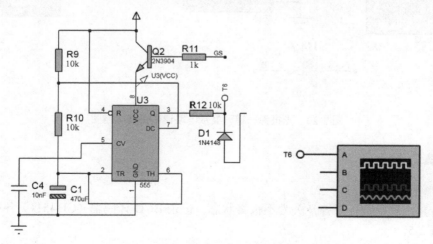

图 2-21　声报警—定时电路调试仿真电路图

2. 仿真记录

1）无报警信号

启动仿真，设置所有报警开关为不报警状态，记录 555 定时器（NE555）VCC 端（正电源，8 脚）电压值、Q 端（输出端，3 脚）输出波形图，完成表 2-7。

2）有报警信号

启动仿真，设置所有报警开关为报警状态，记录 555 定时器（NE555）VCC 端（正电源，8 脚）电压值、Q 端（输出端，3 脚）输出波形图，完成表 2-8。

表 2-7　无报警信号时定时电路仿真记录表　　　　表 2-8　有报警信号时定时电路仿真记录表

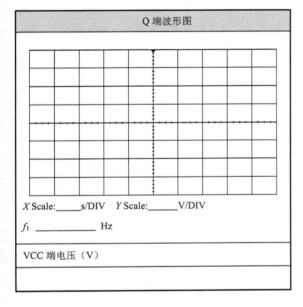

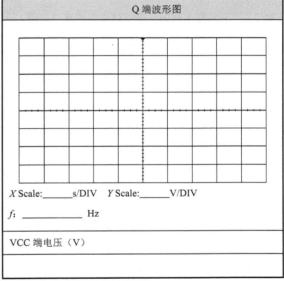

子任务 4　声报警—多谐振荡电路仿真

1. 绘制电路图

在 Proteus 软件中完成图 2-22 所示的仿真电路图，完成仿真分析相应的检测表。

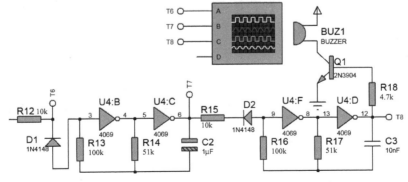

图 2-22　声报警—多谐振荡电路调试仿真电路图

2. 仿真记录

1）无报警信号

启动仿真，设置所有报警开关为不报警状态，记录定时器电路 T6 端、低频多谐振荡电路 T7 端及高频振荡电路 T8 端波形图，完成表 2-29。

2）有报警信号

启动仿真，设置所有报警开关为报警状态，记录定时器电路 T6 端、低频多谐振荡电路 T7 端及高频振荡电路 T8 端波形图，完成表 2-10。

表 2-9 无报警信号时多谐振荡电路仿真记录表

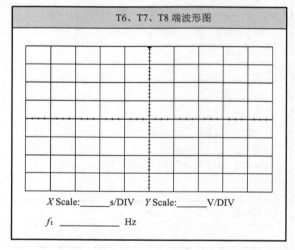

表 2-10 有报警信号时多谐振荡电路仿真记录表

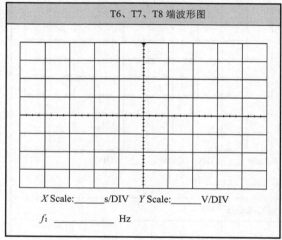

子任务 5 综合仿真

1. 绘制电路图

在 Proteus 软件中完成图 2-23 所示的八路声光报警器仿真电路图，完成仿真分析相应的检测表。

2. 仿真记录

启动仿真，通过设置报警开关状态，测试八路声光报警器电路是否工作正常。测量并记录无报警信号、有 1 路报警信号、有 2 路报警信号时的关键点电压和波形，完成表 2-11。

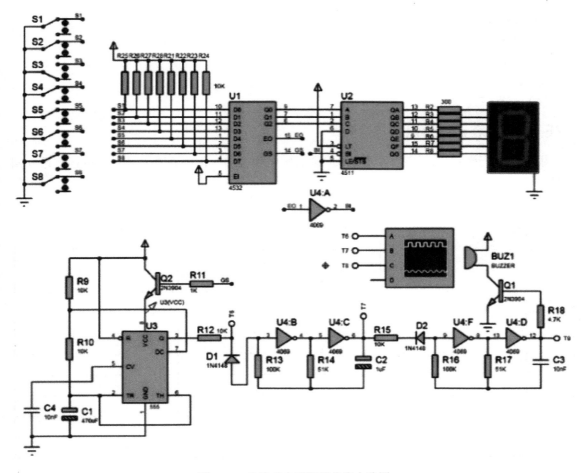

图 2-23　八路声光报警器仿真电路图

表 2-11　综合仿真记录表

	$U_{1-15}(V)$	$U_{1-14}(V)$	$U_{2-4}(V)$	显示字型	$U_{3-8}(V)$
无报警信号					
S3 报警					
S3、S4 报警					
S2、S7 报警					

任务 3　八路声光报警器电路元器件的识别与检测

【学习目标】

（1）能对电阻、电容、按键、晶振进行识别和检测。

（2）能检测二极管、三极管的好坏与性能。

（3）能识别数码管的类型并检测其好坏。

（4）能识别项目中所用到的数字芯片的引脚及型号。

【工作内容】

（1）通过色环或标志识别电阻、电容的参数，并用万用表进行检测。

（2）检测数码管的好坏。

（3）识别数字芯片的引脚及型号。

（4）填写识别与检测表。

子任务1 阻容元件的识别与检测

根据以前所学知识，识别本项目所用到的电阻和电容，借助测量工具对其进行测量并判断其好坏，完成表2-12。

表2-12 阻容元件检测表

元件	引脚排列	类型	封装	标示值	参数	测量值	好/坏	数量
电容								
电阻								

子任务2 晶体管类元件的识别与检测

根据以前所学知识，识别本项目所用的二极管、三极管和数码管，用万用表检测其质量并判断其好坏，完成表2-13。

表2-13 晶体管类元件检测表

元件	引脚排列	类型	封装	标示值	引脚分布	测量值	好/坏	数量
二极管								
三极管								
数码管								

子任务3 芯片的识别

识别本项目中所用到的芯片，将识别结果记录在表2-14中。

表 2-14　芯片识别表

元件	封装	标示值	引脚定义	数量
CD4532				
CD4511				
NE555				
CD4069				

任务 4　八路声光报警器电路的装配与调试

【学习目标】
（1）能够按工艺要求装配八路声光报警器电路。
（2）能够调试八路声光报警器电路，使其正常工作。
（3）能够写出制作与调试报告。
【工作内容】
（1）装配八路声光报警器电路。
（2）调试八路声光报警器电路。
（3）撰写制作与调试报告。
实施前准备以下物品。
（1）常用电子装配工具。
（2）万用表、双路输出直流稳压电源。
（3）配套元器件与 PCB 板，元器件清单见表 2-15 所示。

表 2-15　八路声光报警器模块元器件清单

标号	参数	封装	数量
a, b, c, d, e, f, g, T2, T3, T4, T5, T6, T7, T8	PROB	SIP1	14
C1	471	RB.1/.2-5	1
C2	1μ	RB.1/.2-5	1
C3	103	RAD0.1	1
C4	0.1μ	RAD0.1	1
D1, D2	1N4148	DIODE0.3	2
DS1	Dpy Red-CC	7SEG0.5-1	1
G1, G2, G3, G4	PROB	GUDINGKONG	4
GND, VCC	PROB	PROB1	2
J1, J2, J3, J4, J5, J6, J7, J8	CON2	3.96V	8
LED1	电源指示	LED	1
LS	Bell	BUZZER	1
P1	DC5V IN	HT3.96-2P	1
Q1, Q2	8050	TO92A-4	2

续表

标号	参数	封装	数量
R0, R9, R12, R15, R21, R22, R23, R24, R25, R26, R27, R28	10k	AXIAL0.3	12
R2, R3, R4, R5, R6, R7, R8	300	AXIAL0.3	7
R10	1M	AXIAL0.3	1
R11	1k	AXIAL0.3	1
R13, R16	100k	AXIAL0.3	2
R14, R17	51k	AXIAL0.3	2
R18	4.7k	AXIAL0.3	1
S1, S2, S3, S4, S5, S6, S7, S8	SW SPDT	SW88	8
T1	PROB	PROB2	1
U1	CD4532	DIP-16	1
U2	CD4511	DIP-16	1
U3	NE555	DIP-8	1
U4	CD4069	DIP-14	1

子任务 1　电路元器件的装配与布局

1. 元器件的布局

八路声光报警器电路元器件布局图如图 2-24 所示。

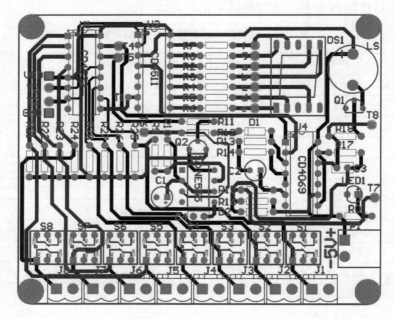

图 2.24　八路声光报警器电路元器件布局图

2. 元器件的装配工艺要求

（1）电阻采用水平安装方式，电阻体紧贴 PCB 板，色环电阻的色环标志顺序一致（水平方向左边为第一环，垂直方向上边为第一环。

（2）二极管应水平安装，底面紧贴 PCB 板，注意极性不能装反。黑色线与封装的白色线对齐，为二极管阴极。

（3）电容采用垂直安装方式，底面紧贴 PCB 板，安装电解电容时应注意正负极性。

（4）为了便于后期维修与更换，集成电路应安装底座，注意方向，缺口要和封装上的缺口一致。

（5）安装数码管时应注意方向，小数点在下方。

（6）三极管的底面距离 PCB 板 5mm 左右。

（7）接线端子与电源端子底面紧贴 PCB 板安装。

3. 操作步骤

（1）按工艺要求安装色环电阻。

（2）按工艺要求安装二极管。

（3）按工艺要求安装集成电路底座、按键和瓷片电容。

（4）按工艺要求安装接线端子与电源端子。

（5）按工艺要求安装二极管、三极管和蜂鸣器。

（6）按工艺要求安装电解电容。

（7）按工艺要求安装数码管。

子任务2　制作八路声光报警器电路

按工艺要求制作八路声光报警器电路，并撰写制作报告。

制作时要对安装好的元器件进行手工焊接，并检查焊点质量。

子任务3　调试八路声光报警器电路

1. 断电检测

用万用表短路挡检测+5V 电源和 GND 之间是否短路，并将检测值记录在表 2-16 中。

表 2-16　断电检测记录表

检测内容	+5V 与 GND
检测值	

2. 供电电压检测

在 P1 端子上接入 5V 电源，注意极性不能接反。电源接通后，用万用表直流电压挡对系统和芯片所需要的供电电压进行测量，将结果记录在表 2-17 中。

表 2-17　供电电压检测记录表

测量内容	+5V 电源	U_{1-8}（CD4532）	U_{2-8}（CD4511）	U_{3-8}（NE555）	U_{4-16}（CD4069）
测量值					

3. 报警信号编码电路调试

1）无报警信号

接通电源，不按下报警开关，用万用表测量并记录八位优先编码器（CD4532）U1 各引脚电压值，完成表 2-18。

表 2-18　无报警信号时报警信号编码电路调试记录表

输入									输出				
5	4	3	2	1	13	12	11	10	14	6	7	9	15
EI	D7	D6	D5	D4	D3	D2	D1	D0	GS	Q2	Q1	Q0	EO

2）有报警信号

接通电源，按下相应的报警开关，用万用表测量并记录八位优先编码器（CD4532）U1 各引脚电压值，完成表 2-19。

提示：表 2-19 中，"X"表示任意值，即"0"、"1"皆可，因此无须测量。

表 2-19　有报警信号时报警信号编码电路调试记录表

报警开关	输入									输出				
	5	4	3	2	1	13	12	11	10	14	6	7	9	15
	EI	D7	D6	D5	D4	D3	D2	D1	D0	GS	Q2	Q1	Q0	EO
S1														
S2									X					
S3								X	X					
S4							X	X	X					
S5						X	X	X	X					
S6					X	X	X	X	X					
S7				X	X	X	X	X	X					
S8			X	X	X	X	X	X	X					

4. 光报警—译码显示电路调试

1）无报警信号

接通电源，不按下报警开关，用万用表测量并记录 BCD 译码器（CD4511）U2 各引脚电压值，完成表 2-20。

表 2-20 无报警信号时译码显示电路调试记录表

输入							输出							显示字型
LE	$\overline{BI}$	$\overline{LT}$	D	C	B	A	a	b	c	d	e	f	g	

2）有报警信号

接通电源，按下相应的报警开关，用万用表测量并记录 BCD 译码器（CD4511）U2 各引脚电压值，完成表 2-21。

表 2-21 有报警信号时译码显示电路调试记录表

报警开关	输入							输出							显示字型
	LE	$\overline{BI}$	$\overline{LT}$	D	C	B	A	a	b	c	d	e	f	g	
S1															
S2															
S3															
S4															
S5															
S6															
S7															
S8															

5. 声报警—定时电路调试

1）无报警信号

接通电源，不按下报警开关，通过示波器测量并记录 555 定时器（NE555）VCC 端（正电源，8 脚）电压值、Q 端（输出端，3 脚）输出波形图，完成表 2-22 中无报警信号部分。

2）有报警信号

接通电源，按下相应的报警开关，通过示波器测量并记录 555 定时器（NE555）VCC 端（正电源，8 脚）电压值、Q 端（输出端，3 脚）输出波形图，完成表 2-22 中有报警信号部分。

6. 声报警—多谐振荡电路调试

1）无报警信号

接通电源，不按下报警开关，通过示波器测量并记录定时器电路、低频多谐振荡电路及高频振荡电路波形图，完成表 2-23 中无报警信号部分。

表 2-22　定时电路调试记录表

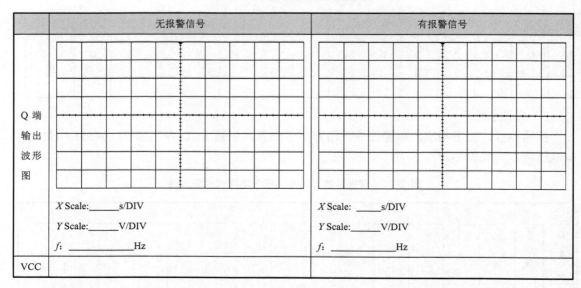

表 2-23　多谐振荡电路输出记录表

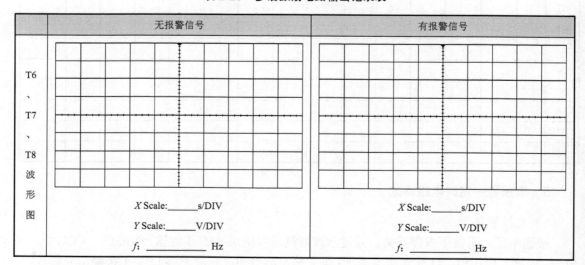

2）有报警信号

接通电源，按下相应的报警开关，通过示波器测量并记录定时器电路、低频多谐振荡电路及高频振荡电路波形图，完成表 2-23 中有报警信号部分。

7. 综合调试

接通电源，按下报警开关，测试八路声光报警器电路是否工作正常。使用万用表及示波器测量并记录无报警信号、有 1 路报警信号、有 2 路报警信号时的关键点电压和波形，完成表 2-24。

表 2-24　综合测试记录表

	U_{1-15}（V）	U_{1-14}（V）	U_{2-4}（V）	显示字型	U_{3-8}（V）
无报警信号					
S3 报警					
S3、S4 报警					
S2、S7 报警					

任务5　项目汇报与评价

【学习目标】

（1）能汇报项目的制作与调试过程。

（2）能对别人的作品与制作过程做出客观的评价。

（3）能够撰写制作与调试报告。

【工作内容】

（1）对自己完成的项目进行汇报。

（2）客观评价别人的作品与制作过程。

（3）撰写技术文档。

子任务1　汇报制作与调试过程

1．汇报内容

（1）演示制作的项目作品。

（2）讲解项目电路的组成及工作原理。

（3）讲解项目方案制定及选择的依据。

（4）与大家分享制作、调试中遇到的问题及解决方法。

2．汇报要求

（1）要边演示作品边讲解主要性能指标。

（2）讲解时要制作 PPT。

（3）要重点讲解制作、调试中遇到的问题及解决方法。

子任务2　对其他人的作品进行客观评价

1．评价内容

（1）演示的结果。

（2）性能指标。

（3）是否文明操作、遵守实训室管理规定。

（4）项目制作与调试过程中是否有独到的方法或见解。

（5）是否能与其他人团结协作。

具体评价标准参考表 2-25。

2. 评价要求

（1）评价要客观公正。

（2）评价要全面细致。

（3）评价要认真负责。

表 2-25 项目评价表

评价要素	评价标准	评价依据	评价方式（各部分所占比重）			权重
			个人	小组	教师	
职业素养	（1）文明操作，遵守实训室管理规定 （2）能与其他人团结协作 （3）自主学习，按时完成工作任务 （4）工作积极主动，勤学好问 （5）遵守纪律，服从管理	（1）工具的摆放是否规范 （2）仪器、仪表的使用是否规范 （3）工作台的整理情况 （4）项目任务书的填写是否规范 （5）平时表现 （6）制作的作品	0.3	0.3	0.4	0.3
专业能力	（1）掌握规范的作业流程 （2）熟悉相关电路的组成及工作原理 （3）能独立完成电路的制作与调试 （4）能够选择合适的仪器、仪表进行调试 （5）能对制作与调试工作进行评价与总结	（1）操作规范 （2）专业理论知识：课后题、项目技术总结报告及答辩 （3）专业技能：完成的作品、完成的制作与调试报告	0.2	0.2	0.6	0.6
创新能力	（1）在项目分析中提出自己的见解 （2）对项目教学提出建议或意见 （3）独立完成检修方案，并且设计合理	（1）提出创新性见解 （2）提出的意见和建议被认可 （3）好的方法被采用 （4）在设计报告中有独特见解	0.2	0.2	0.6	0.1

子任务3 撰写技术文档

1. 技术文档的内容

（1）项目方案的制定与元器件的选择。

（2）项目电路的组成及工作原理。

① 分析电路的组成及工作原理。

② 元器件清单与布局图。

（3）元器件的识别与检测。

（4）项目收获。

（5）项目制作与调试过程中所遇到的问题。

（6）所用到的仪器与仪表。

2. 要求

（1）内容全面、翔实。

（2）填写相应的元器件检测表。

（3）填写相应的调试表。

【知识链接】

数字电路根据逻辑功能的不同特点可以分成两大类，一类是组合逻辑电路，另一类是时序逻辑电路。组合逻辑电路在逻辑功能上的特点是任意时刻的输出仅仅取决于该时刻的输入，与电路原来的状态无关。

组合逻辑电路的特点归纳如下。

（1）输入、输出之间没有反馈延迟通道。

（2）电路中无记忆单元。

2.1 组合逻辑电路

2.1.1 组合逻辑电路分析

分析组合逻辑电路的目的是确定其逻辑功能。分析组合逻辑电路的步骤大致如下。

（1）根据逻辑电路，从输入到输出逐级写出逻辑函数式，最后得到表示输出与输入关系的逻辑函数式。

（2）用公式化简法或卡诺图化简法对得到的函数式进行化简或变换，以得到最简单的表达式。

（3）根据简化后的逻辑表达式列出真值表。

（4）根据真值表和简化后的逻辑表达式对逻辑电路进行分析，确定其功能。

例：分析图 2-25 所示电路的逻辑功能。

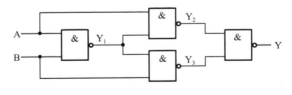

图 2-25   例题图

（1）写出逻辑表达式。

$$Y_1 = \overline{A \cdot B}$$

$$Y_2 = \overline{A \cdot Y_1} = \overline{A \cdot \overline{A \cdot B}}$$

$$Y_3 = \overline{B \cdot Y_1} = \overline{B \cdot \overline{A \cdot B}}$$

$$Y = \overline{Y_2 \cdot Y_3} = \overline{\overline{A \cdot \overline{A \cdot B}} \cdot \overline{B \cdot \overline{A \cdot B}}}$$

（2）应用逻辑代数化简（此处采用反演律：$\overline{A+B} = \overline{A} \cdot \overline{B}$，$\overline{A+B} = \overline{A} + \overline{B}$）。

$$Y = \overline{\overline{A \cdot \overline{A \cdot B}} \cdot \overline{B \cdot \overline{A \cdot B}}} = A \cdot \overline{\overline{A \cdot B}} + B \cdot \overline{\overline{A \cdot B}} = A \cdot \overline{A \cdot B} + B \cdot \overline{A \cdot B} = A \cdot (\overline{A} + \overline{B} \cdots\cdots B)$$

（3）根据简化后的逻辑表达式列出真值表，如表 2-26。

表 2-26　真值表

输入		输出
A	B	Y
0	0	0
0	1	1
1	0	1
1	1	0

（4）根据真值表，确定逻辑功能。

输入相同时输出为"0"，输入相异时输出为"1"，称为异或逻辑关系。这种电路称为异或门。

2.1.2　组合逻辑电路设计

组合逻辑电路的设计是指针对提出的实际逻辑问题，设计出满足这一逻辑问题的逻辑电路。通常要求电路中所用器件的种类和每种器件的数目尽可能少，须使用代数法和卡诺图法来化简逻辑函数，获得最简单的逻辑表达式，以便用最少的门电路来组成逻辑电路，使电路结构紧凑、工作可靠和经济。同时，逻辑函数的化简也要结合所选用的器件进行。

设计组合逻辑电路的一般步骤大致如下。

（1）任务描述。明确实际问题的逻辑功能，确定输入、输出变量数及表示符号。

（2）根据对电路逻辑功能的要求，列出真值表。

（3）由真值表写出逻辑表达式。

（4）化简逻辑表达式。

（5）画出逻辑图。

例：设计一个三人表决器。

要求：A 为主裁判，B、C 为副裁判，两人及两人以上同意（必须有一位主裁判）表示通过，否则表示不通过。

（1）任务描述。

根据电路功能需要分析得出：输入为三个裁判（A—主、B—副、C—副），输出为裁断结果（F）。进一步细化规定，裁判同意为"1"，不同意为"0"；裁断结果通过

表 2-27　真值表

输入			输出
A	B	C	F
0	0	0	0
0	0	1	0
0	1	0	0
0	1	1	0
1	0	0	0
1	0	1	1
1	1	0	1
1	1	1	1

为"1"，不通过为"0"。

（2）列出真值表，见表2-27。

（3）由真值表写出逻辑表达式。

$$F = A\overline{B}\overline{C} + \overline{A}B\overline{C} + ABC$$

（4）化简逻辑表达式，如图2-26所示。

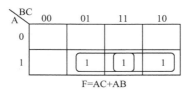

图2-26 化简逻辑表达式

（5）画出逻辑图，如图2-27所示。

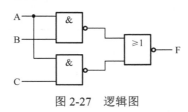

图2-27 逻辑图

2.2 常用组合逻辑电路

有些逻辑电路经常出现在各种数字系统当中。这些电路包括编码器、译码器、数据选择器、数值比较器等。为了使用方便，将这些逻辑电路制成中、小规模的标准化集成电路产品。在设计大规模集成电路时，也经常调用这些模块电路已有的、经过实际验证的设计结果，作为所设计电路的组成部分。下面就分别介绍一下这些电路。

2.2.1 编码器

编码和译码问题在日常生活中经常遇到。数字系统中存储或处理的信息，常常是用二进制代码表示的。用一个二进制代码表示特定含义的信息称为编码。具有编码功能的逻辑电路称为编码器。目前经常使用的编码器有普通编码器和优先编码器两类，本项目中用到的CD4532芯片就是八位优先编码器。

1. 普通编码器

在普通编码器中，任何时刻只允许输入一个编码信号，否则输出将发生混乱。下面以一个3位二进制普通编码器作为例子，说明普通编码器的工作原理。

1）3位二进制普通编码器逻辑框图

3位二进制普通编码器逻辑框图如图2-28所示，其将输入 $I_0 \sim I_7$ 编译为3位二进制输出 $Y_2 Y_1 Y_0$，因此又称之为8线-3线编码器。

2）3位二进制普通编码器输入与输出的对应关系

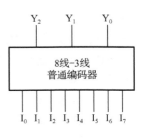

图2-28 3位二进制普通编码器逻辑框图

具体对应关系见表 2-28。

表 2-28　3 位二进制普通编码器输入与输出的对应关系

输入								输出		
I_0	I_1	I_2	I_3	I_4	I_5	I_6	I_7	Y_2	Y_1	Y_0
1	0	0	0	0	0	0	0	0	0	0
0	1	0	0	0	0	0	0	0	0	1
0	0	1	0	0	0	0	0	0	1	0
0	0	0	1	0	0	0	0	0	1	1
0	0	0	0	1	0	0	0	1	0	0
0	0	0	0	0	1	0	0	1	0	1
0	0	0	0	0	0	1	0	1	1	0
0	0	0	0	0	0	0	1	1	1	1

3）输出函数式

$$Y_2 = \overline{I_0 I_1 I_2 I_3 I_4 I_5 I_6 I_7} + \overline{I_0 I_1 I_2 I_3 I_4 I_5 I_6 I_7} + \overline{I_0 I_1 I_2 I_3 I_4 I_5 I_6 I_7} + \overline{I_0 I_1 I_2 I_3 I_4 I_5 I_6 I_7}$$

$$Y_1 = \overline{I_0 I_1 I_2 I_3 I_4 I_5 I_6 I_7} + \overline{I_0 I_1 I_2 I_3 I_4 I_5 I_6 I_7} + \overline{I_0 I_1 I_2 I_3 I_4 I_5 I_6 I_7} + \overline{I_0 I_1 I_2 I_3 I_4 I_5 I_6 I_7}$$

$$Y_0 = \overline{I_0 I_1 I_2 I_3 I_4 I_5 I_6 I_7} + \overline{I_0 I_1 I_2 I_3 I_4 I_5 I_6 I_7} + \overline{I_0 I_1 I_2 I_3 I_4 I_5 I_6 I_7} + \overline{I_0 I_1 I_2 I_3 I_4 I_5 I_6 I_7}$$

4）逻辑电路图

3 位二进制普通编码器的逻辑电路图如图 2-29 所示。

2. 优先编码器

优先编码器允许两个以上的输入同时为 1，但只对优先级比较高的输入进行编码。在实际产品中，均采用优先编码器。本项目中用到的 CD4532 芯片就是八位优先编码器。

关于优先编码器的介绍，详见本项目任务 1。

2.2.2　译码器

译码是编码的逆过程，它的功能是将具有特定含义的二进制代码转换成对应的输出信号，具有译码功能的逻辑电路称为译码器。

1. 二进制译码器

二进制译码器的输入是一组二进制代码，输出是一组与输入代码相对应的高、低电平信号。74HC138 与 74LS138 都是 3 线-8 线译码器，74HC138 是 CMOS 器件，电源工作电压为 2～6V；而 74LS138 是 TTL 器件，电源工作电压是 5V。下面以 CMOS 器件 74HC138 为例，说明二进制译码器的工作原理。

1）74HC138 引脚排列与封装

74HC138 是一款 3 位二进制译码器，其逻辑框图如图 2-30 所示。它的输入是 3 位二进制代码，有 8 种状态，8 个输出端分别对应其中一种输入状态，因此又称之为 3 线-8 线译码器。

74HC138 可接受 3 位二进制加权地址输入（A_0、A_1 和 A_2），并且使能时，提供 8 个互斥的低有效输出（$Y_0 \sim Y_7$）。其封装与引脚排列如图 2-31 和图 2-32 所示。

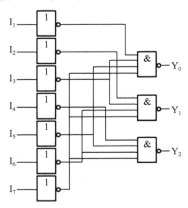

图 2-29　3 位二进制普通编码器的逻辑电路图

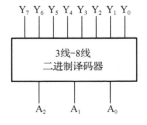

图 2-30　3 位二进制译码器逻辑框图

图 2-31　74HC138 封装图

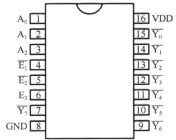

图 2-32　74HC138 引脚排列

2）真值表

74HC138 真值表见表 2-29。其中，"X"表示任意值。

表 2-29　74HC138 真值表

输入						输出							
E_3	$\overline{E_2}$	$\overline{E_1}$	A_2	A_1	A_0	$\overline{Y_0}$	$\overline{Y_1}$	$\overline{Y_2}$	$\overline{Y_3}$	$\overline{Y_4}$	$\overline{Y_5}$	$\overline{Y_6}$	$\overline{Y_7}$
X	1	X	X	X	X	1	1	1	1	1	1	1	1
X	X	1	X	X	X	1	1	1	1	1	1	1	1
0	X	X	X	X	X	1	1	1	1	1	1	1	1
1	0	0	0	0	0	0	1	1	1	1	1	1	1
1	0	0	0	0	1	1	0	1	1	1	1	1	1
1	0	0	0	1	0	1	1	0	1	1	1	1	1
1	0	0	0	1	1	1	1	1	0	1	1	1	1
1	0	0	1	0	0	1	1	1	1	0	1	1	1
1	0	0	1	0	1	1	1	1	1	1	0	1	1
1	0	0	1	1	0	1	1	1	1	1	1	0	1
1	0	0	1	1	1	1	1	1	1	1	1	1	0

3）引脚功能与说明

➤ VDD（16 脚）：正电源。

➤ GND（8 脚）：接地。

➤ $\overline{Y_0} \sim \overline{Y_6}$（15～9 脚）、$\overline{Y7}$（7 脚）：数据输出。

➤ $A_0 \sim A_2$（1～3 脚）：数据输入。

➤ $\overline{E_1}$、$\overline{E_2}$、E_3（4～6 脚）：使能控制。

4）应用举例

用两个 3 线-8 线译码器 74HC138 组成一个 4 线-16 线译码器，即将输入的 4 位二进制代码 $A_3A_2A_1A_0$ 译成 16 个独立的低电平信号 $\overline{Z_0} \sim \overline{Z_{15}}$。如图 2-33 所示，$A_3$ 控制 74HC138(1)的使能端。A_3＝0 时，74HC138(1)工作，74HC138(2)禁止；A_3＝1 时，74HC138(1)禁止，74HC138(2)工作。

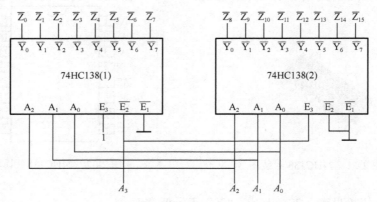

图 2-33　4 线-16 线译码器

2. 二-十进制译码器

二-十进制译码器是把二-十进制代码转换成 10 个十进制数字信号的电路。二-十进制译码器的输入是十进制数的 4 位二进制编码（BCD 码），分别用 A_3、A_2、A_1、A_0 表示；输出的是与 10 个十进制数字相对应的 10 个信号，用 $Y_9 \sim Y_0$ 表示。由于二-十进制译码器有 4 根输入线和 10 根输出线，所以又称之为 4 线-10 线译码器。

74HC42 与 74LS42 都是 4 线-10 线译码器，74HC42 是 CMOS 器件，而 74LS42 是 TTL 器件。下面以 CMOS 器件 74HC42 为例，说明二-十进制译码器的工作原理。

1）74HC42 引脚排列与封装

74HC42 为 CMOS 二-十进制译码器，具有 4 个输入端和 10 个输出端。采用 8421BCD 码，二进制数 0000～1001 与十进制数 0～9 对应。输入超过这个范围时无效，10 个输出端均为高电平。其逻辑框图如图 2-34 所示。74HC42 的封装图与引脚排列如图 2-35 和图 2-36 所示。

2）真值表

74HC42 真值表见表 2-30。将 8421BCD 码以外的代码称为伪码，当译码器输入为伪码时，所有输出端均为高电平，可见这个译码器具有拒绝伪码的功能。

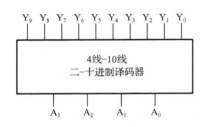

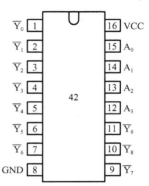

图 2-34 二-十进制译码器逻辑框　　　图 2-35 74HC42 封装图　　　图 2-36 74HC42 引脚排列

表 2-30 74HC42 真值表

输入				输出									
A_3	A_2	A_1	A_0	$\overline{Y_0}$	$\overline{Y_1}$	$\overline{Y_2}$	$\overline{Y_3}$	$\overline{Y_4}$	$\overline{Y_5}$	$\overline{Y_6}$	$\overline{Y_7}$	$\overline{Y_8}$	$\overline{Y_9}$
0	0	0	0	0	1	1	1	1	1	1	1	1	1
0	0	0	1	1	0	1	1	1	1	1	1	1	1
0	0	1	0	1	1	0	1	1	1	1	1	1	1
0	0	1	1	1	1	1	0	1	1	1	1	1	1
0	1	0	0	1	1	1	1	0	1	1	1	1	1
0	1	0	1	1	1	1	1	1	0	1	1	1	1
0	1	1	0	1	1	1	1	1	1	0	1	1	1
0	1	1	1	1	1	1	1	1	1	1	0	1	1
1	0	0	0	1	1	1	1	1	1	1	1	0	1
1	0	0	1	1	1	1	1	1	1	1	1	1	0
1	0	1	0	1	1	1	1	1	1	1	1	1	1
1	0	1	1	1	1	1	1	1	1	1	1	1	1
1	1	0	0	1	1	1	1	1	1	1	1	1	1
1	1	0	1	1	1	1	1	1	1	1	1	1	1
1	1	1	0	1	1	1	1	1	1	1	1	1	1
1	1	1	1	1	1	1	1	1	1	1	1	1	1

3）引脚功能与说明

➤ VCC（16 脚）：正电源。

➤ GND（8 脚）：接地。

➤ $\overline{Y_0}\sim\overline{Y_6}$（1～7 脚）、$\overline{Y_7}\sim\overline{Y_9}$（9～11 脚）：数据输出。

➤ $A_0\sim A_3$（15～12 脚）：数据输入。

3. 显示译码器

在数字系统中处理的是二进制信号，而人们习惯使用十进制数字或运算结果，因此需要通过数字显示电路，将数字系统的处理结果用十进制数字显示出来供人们观测、查看。显示译码器的作用就是将二进制数转换成对应的七段码。本项目中用到的 CD4511 芯片就是一款显示译码器。

关于 BCD 译码器（CD4511）的介绍，详见本项目任务 1。

2.2.3 数据选择器

在数字信号的传输过程中，有时需要从一组输入数据中选出某一个数据，这时就要用到一种被称为数据选择器（Data Selector）的逻辑电路。数据选择是指经过选择，把多路数据中的某一路数据传送到公共数据线上，实现数据选择功能的逻辑电路称为数据选择器。常见的数据选择器有四选一、八选一、十六选一电路。

八选一数据选择器的功能是在地址选择信号的控制下，从多路数据中选择一路数据作为输出信号。它有 3 个地址输入端和 8 个数据输入端，输出为多路数据中的一路。74LS151 是典型的八选一数据选择器，其为 TTL 器件，电源工作电压是 5V。下面以 TTL 器件 74LS151 为例，说明八选一数据选择器的工作原理。

1. 74LS151 引脚排列与封装

74LS151 是一款 TTL 八选一数据选择器，其逻辑框图如图 2-37 所示。它有 3 个地址输入端 A_2、A_1、A_0，8 个数据输入端 $D_0 \sim D_7$，两个互补输出的数据输出端 Y 和 $\overline{Y}$，以及一个控制输入端 $\overline{S}$。

74LS151 的封装图与引脚排列如图 2-38 和图 2-39 所示。

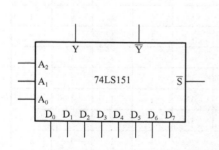

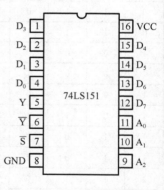

图 2-37　八选一数据选择器逻辑框图　　图 2-38　74LS151 封装图　　图 2-39　74LS151 引脚排列

2. 真值表

74LS151 真值表见表 2-31。

3. 引脚功能与说明

➢ VCC（16 脚）：正电源。

➢ GND（8 脚）：接地。

➢ $A_2 \sim A_0$（9～11 脚）：地址输入。

- ➢ D_0~D_7（4~1 脚、15~12 脚）：数据输入。
- ➢ Y、$\overline{Y}$（5 脚、6 脚）：输出端。
- ➢ $\overline{S}$（7 脚）：使能控制。

4．应用举例

用两个八选一数据选择器 74LS151 组成一个十六选一数据选择器，即用 4 个地址输入端和 16 个数据输入端，使输出为 16 路数据中的一路。如图 2-40 所示，A_3 控制 74LS151(1)的使能端。A_3 =0 时，74LS151(1)工作，74LS151(2)禁止；A_3 =1 时，74LS151(1)禁止，74LS151(2)工作。输出端通过两个或门保证无论哪个芯片工作，都有正确的输出。

表 2-31　74LS151 真值表

输入				输出	
$\overline{S}$	A_2	A_1	A_0	Y	$\overline{Y}$
1	X	X	X	0	1
0	0	0	0	D_0	$\overline{D_0}$
0	0	0	1	D_1	$\overline{D_1}$
0	0	1	0	D_2	$\overline{D_2}$
0	0	1	1	D_3	$\overline{D_3}$
0	1	0	0	D_4	$\overline{D_4}$
0	1	0	1	D_5	$\overline{D_5}$
0	1	1	0	D_6	$\overline{D_6}$
0	1	1	1	D_7	$\overline{D_7}$

2.2.4　数值比较器

在一些数字系统（如数字计算机）当中经常要求比较两个数值的大小。为实现这一功能而设计的各种逻辑电路统称为数值比较器。讨论两个一位二进制数 A 和 B 相比较的情况，有以下三种可能的结果。

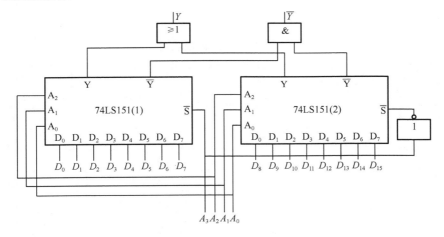

图 2-40　十六选一数据选择器

（1）A>B，即 A = 1，B =0 时，A>B 为真。

（2）A<B，即 A = 0，B =1 时，A<B 为真。

（3）A=B，即 A = B =0 或 A = B =1 时，A=B 为真。

如果要比较两个多位二进制数 A 和 B 的大小，则必须从高位向低位逐位进行比较。

四位数值比较器的功能是对两个四位二进制数 A 和 B 进行比较，有三种可能的结果，即 A>B、A<B、A=B，分别用 $F_{A>B}$、$F_{A<B}$、$F_{A=B}$ 表示。比较时，先从高位开始，若 A_3> B_3，不论低位大小如何，则 A>B；若 A_3< B_3，不论低位大小如何，则 A<B；若 A_3=B_3，A_2< B_2，不论低位大小如何，则 A>B；若 A_3=B_3，A_2< B_2，不论低位大小如何，则 A<B；以此类推。74LS85 是典型的四位数值比较器，其为 TTL 器件，电源工作电压是 5V。下面以 TTL 器件 74LS85 为

例，说明四位数值比较器的工作原理。

1. 74LS85 引脚排列与封装

74LS85 是一款 TTL 四位数值比较器，其逻辑框图如图 2-41 所示。它有两个四位二进制数的输入端 $A_3 \sim A_0$ 和 $B_3 \sim B_0$，三个比较结果输出端 $F_{A>B}$、$F_{A<B}$、$F_{A=B}$；另外，还有三个级联输入端 $I_{A>B}$、$I_{A<B}$、$I_{A=B}$，是低位比较结果，用于扩展比较器的位数。74LS85 的封装图与引脚排列如图 2-42 和图 2-43 所示。

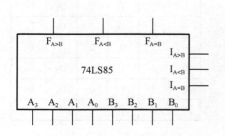

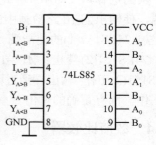

图 2-41　四位数值比较器逻辑框图　　图 2-42　74LS85 封装图　　图 2-43　74LS85 引脚排列

2. 真值表

74LS85 真值表见表 2-32。

表 2-32　74LS85 真值表

输入				级联输入			输出		
A_3　B_3	A_2　B_2	A_1　B_1	A_0　B_0	$I_{A>B}$	$I_{A<B}$	$I_{A=B}$	$F_{A>B}$	$F_{A<B}$	$F_{A=B}$
1　0	X	X	X	X	X	X	1	0	0
0　1	X	X	X	X	X	X	0	1	0
$A_3=B_3$	1　0	X	X	X	X	X	1	0	0
$A_3=B_3$	0　1	X	X	X	X	X	0	1	0
$A_3=B_3$	$A_2=B_2$	1　0	X	X	X	X	1	0	0
$A_3=B_3$	$A_2=B_2$	0　1	X	X	X	X	0	1	0
$A_3=B_3$	$A_2=B_2$	$A_1=B_1$	1　0	X	X	X	1	0	0
$A_3=B_3$	$A_2=B_2$	$A_1=B_1$	0　1	X	X	X	0	1	0
$A_3=B_3$	$A_2=B_2$	$A_1=B_1$	$A_0=B_0$	1	0	0	1	0	0
$A_3=B_3$	$A_2=B_2$	$A_1=B_1$	$A_0=B_0$	0	1	0	0	1	0
$A_3=B_3$	$A_2=B_2$	$A_1=B_1$	$A_0=B_0$	0	0	1	0	0	1
$A_3=B_3$	$A_2=B_2$	$A_1=B_1$	$A_0=B_0$	X	X	0	0	0	1

3. 引脚功能与说明

➢ VCC（16 脚）：正电源。

- ➢ GND（8 脚）：接地。
- ➢ $A_3 \sim A_0$ 和 $B_3 \sim B_0$（1 脚、9～15 脚）：两个四位二进制数的输入端。
- ➢ $I_{A>B}$、$I_{A<B}$、$I_{A=B}$（2～4 脚）：级联输入端。
- ➢ $F_{A>B}$、$F_{A<B}$、$F_{A=B}$（5～7 脚）：输出端。

2.3　555 电路的应用

555 电路是一种将模拟电路和数字电路巧妙地结合在一起的电路，其定时的精度、工作速度和可靠性都很高。555 电路使用电压范围宽（2～18V），能和其他数字电路直接连接，有一定的输出功率，可直接驱动继电器、小电动机、指示灯和扬声器等负载。555 电路结构简单、使用灵活、用途广泛，可组成各种波形的脉冲振荡器、定时延时电路、脉冲调制电路、仪器和仪表的控制电路等。

2.3.1　555 电路的内部结构与工作原理

1. 引脚定义

TTL 型 555 单时基电路的逻辑符号如图 2-44 所示。各引脚功能如下。

- ➢ 1 脚：接地端，即电源公共端。
- ➢ 2 脚：低电平触发端，简称低触发端，低电平有效，高电平对它不起作用，即电压小于 $1/3V_{CC}$ 时，3 脚输出高电平。
- ➢ 3 脚：输出端。
- ➢ 4 脚：低电平复位端，当 4 脚电位低于 0.4V 时，不管 2、6 脚状态如何，输出端 3 脚都输出低电平。
- ➢ 5 脚：电压控制端，主要用来调节比较器的触发电位。
- ➢ 6 脚：高电平触发端，简称高触发端，高电平有效，低电平对它不起作用，即输入电压大于 $2/3 V_{CC}$ 时，3 脚输出低电平，但有一个先决条件，即 2 脚电位必须高于 $1/3 V_{CC}$ 才有效。
- ➢ 7 脚：放电端，与 3 脚输出同步，输出电平一致，但 7 脚并不输出电流，所以 3 脚称为实高（或低），7 脚称为虚高。
- ➢ 8 脚：电源正极。

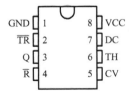

图 2-44　555 单时基电路的逻辑符号

2. 内部电路

TTL 型 555 单时基电路的内部结构如图 2-45 所示。它大致可以分为分压器、电压比较器、基本 RS 触发器、输出和放大开关 5 个部分。

　　TH 是电压比较器 C_1 的输入端，$\overline{TR}$ 是比较器 C_2 的输入端。C_1、C_2 的参考电压 U_{R1}、U_{R2} 由 V_{CC} 经过 3 个 5kΩ 电阻分压给出。在控制电压输入端 CO 悬空时，$U_{R1}=\frac{2}{3}V_{CC}$，$U_{R2}=\frac{1}{3}V_{CC}$。为稳定参考电压 U_{R1}、U_{R2} 的值，CO 端通常接 0.01μF 滤波电容。

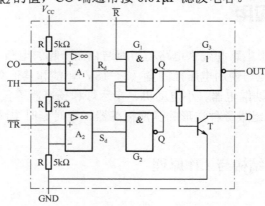

图 2-45　555 单时基电路的内部结构

3. 工作原理及功能表

　　由图 2-45 可知，当 $U_{11}<U_{R1}$、$U_{12}<U_{R2}$ 时，$U_{C1}=1$，$U_{C2}=0$，当 4 脚复位端正常工作时，$\overline{R}=1$，基本 RS 触发器置 1，$Q=1$，$\overline{Q}=0$，放电管截止，$U_O=1$。

　　当 $U_{11}<U_{R1}$、$U_{12}>U_{R2}$ 时，$U_{C1}=1$，$U_{C2}=1$，当 4 脚复位端正常工作时，$\overline{R}=1$，基本 RS 触发器维持原态，$Q=1$，$\overline{Q}=0$，放电管截止，$U_O=1$，各节点均保持原状态不变。

　　当 $U_{11}>U_{R1}$、$U_{12}<U_{R2}$ 时，$U_{C1}=0$，$U_{C2}=0$，基本 RS 触发器状态不定，这种输入情况禁止出现。

　　当 $U_{11}>U_{R1}$、$U_{12}>U_{R2}$ 时，$U_{C1}=0$，$U_{C2}=1$，当 4 脚复位端正常工作时，$\overline{R}=1$，基本 RS 触发器置 0，$Q=0$，$\overline{Q}=1$，放电管导通，$U_O=0$。

　　由此得出 555 电路功能表，见表 2-33。

表 2-33　555 电路功能表

输入			输出	
$\overline{R}$	TH（U_{11}）	$\overline{TR}$（U_{12}）	U_O	放电管
0	X	X	低	导通
1	$<\frac{2}{3}V_{CC}$	$<\frac{1}{3}V_{CC}$	高	截止
1	$<\frac{2}{3}V_{CC}$	$>\frac{1}{3}V_{CC}$	不变	不变
1	$>\frac{2}{3}V_{CC}$	$>\frac{1}{3}V_{CC}$	低	导通

2.3.2　应用举例

1.　单稳态触发器

单稳态触发器在数字电路中一般用于定时、整形和延时。其具有以下特点。

➢ 电路有一个稳态和一个暂稳态。

➢ 在外来脉冲的作用下，电路由稳态翻转到暂稳态。

➢ 暂稳态是一个不能长久保持的状态，经过一段时间后，电路会自动返回到稳态。

➢ 暂稳态的持续时间与触发脉冲无关，仅取决于电路本身的参数。

555 单稳态触发器由 555 电路和 RC 定时电路两大部分组成，如图 2-46（a）所示，其中 R、C 为外接定时元件。图 2-46（b）为其工作波形。

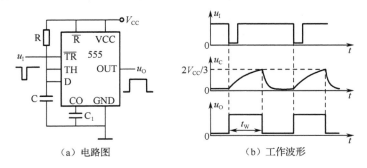

（a）电路图　　　　（b）工作波形

图 2-46　555 单稳态触发器

555 单稳态触发器的工作原理：接通电源，当无触发脉冲输入，即触发器 $\overline{TR}$ 端输入为高电平时，输出端 u_O 为低电平，555 内部放电管 VT_D 导通，D 端为低电平，电容 C 两端电压趋于 0。

当负脉冲输入时，$\overline{TR}$ 端电位低于 $\frac{1}{3}V_{CC}$，输出 U_O 发生翻转，变为高电平，放电管 VT_D 截止，电源 V_{CC} 通过 R 向 C 充电。经过一段充电时间，当电容 C 两端的电压 $U_C > \frac{2}{3}V_{CC}$，即 TH 端电位高于 $\frac{2}{3}V_{CC}$ 时，$\overline{TR}$ 端输入也为高电平，单稳态触发器发生翻转，使输出 u_O 恢复为低电平，555 内部放电管 VT_D 导通，电容 C 通过 VT_D 放电，使电容两端电压趋于 0，电路又恢复到初始状态。

暂稳态时间 t_w 等于电容 C 端电压从 0 上升到 $\frac{2}{3}V_{CC}$ 的时间，即

$$t_w = RC \ln \frac{V_{CC} - V_{充初}}{V_{CC} - V_{充终}} = RC \ln \left(\frac{V_{CC} - 0}{V_{CC} - \frac{2}{3}V_{CC}} \right) = RC \ln 3 \approx 1.1RC$$

由此可见，适当选择 R、C，即可构成一个高精度定时器电路。

2. 谐振荡器

多谐振荡器是产生一定频率矩形脉冲的电路。因为矩形波含有丰富的谐波，故称之为多谐振荡器。多谐振荡器具有以下特点。

➤ 没有稳态，只有两个暂稳态。

➤ 无须外加触发信号，电路自动由一个暂稳态翻转到另一个暂稳态。

➤ 振荡周期与电路中的电阻、电容元件有关。

555 电路组成的多谐振荡器电路图如图 2-47（a）所示，其中 R_1、R_2、C 为外接定时元件。图 2-47（b）为其工作波形。

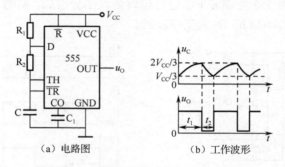

(a) 电路图　　　　　　(b) 工作波形

图 2-47　555 电路组成的多谐振荡器

555 电路组成的多谐振荡器的工作原理：接通电源后，V_{CC} 经电阻 R_1、R_2 对电容 C 充电。当 u_C 上升到略高于 $\frac{2}{3}V_{CC}$，即 TH 端电位高于 $\frac{2}{3}V_{CC}$ 时，$\overline{TR}$ 端输入也为高电平，输出端 U_O 为低电平，555 内部放电管 VT_D 导通，电容 C 通过 R_2 和 VT_D 放电，使 u_C 下降。当 u_C 下降到略低于 $\frac{1}{3}V_{CC}$，即 $\overline{TR}$ 端电位低于 $\frac{1}{3}V_{CC}$ 时，输出端 u_O 翻转为高电平，同时放电管 VT_D 截止，V_{CC} 又经电阻 R_1、R_2 对电容 C 充电。如此重复上述过程，u_O 输出连续矩形波。

矩形波的脉冲周期为

$$T \approx t_1 + t_2$$

t_1 由电容 C 的充电时间来决定，即

$$t_1 = (R_1 + R_2)\,C\ln\frac{V_{CC} - V_{充初}}{V_{CC} - V_{充终}} = (R_1 + R_2)\,C\ln\frac{V_{CC} - \frac{1}{3}V_{CC}}{V_{CC} - \frac{2}{3}V_{CC}}$$

$$= (R_1 + R_2)\,C\ln 2 \approx 0.7(R_1 + R_2)\,C$$

t_2 由电容 C 的放电时间来决定，即

$$t_2 = R_2 C\ln\frac{V_{放初}}{V_{放终}} = R_2 C\ln\frac{\frac{2}{3}V_{CC}}{\frac{1}{3}V_{CC}} = R_2 C\ln 2 \approx 0.7 R_2 C$$

由此可见，调节 R_1、R_2、C 的参数值，即可构成不同周期的矩形脉冲电路。

3. 施密特触发器

施密特触发器是一种常用的波形变换电路，可以把连续变化的信号波形（如正弦波）变换为矩形波，同时完成波形整形和幅度鉴别。施密特触发器具有以下特点。

➤ 有两个稳态。

➤ 两个稳态的转换均须外加触发信号。

➤ 两个稳态转换的触发电平不同，具有回差电压。

555 电路组成的施密特触发器电路图如图 2-48（a）所示，图 2-48（b）为其电压传输特性曲线。

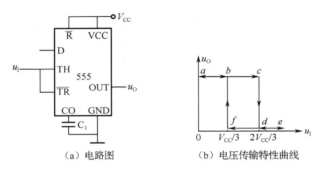

（a）电路图　　　　（b）电压传输特性曲线

图 2-48　555 电路组成的施密特触发器

下面介绍 555 电路组成的施密特触发器的工作原理，假设 u_I 为输入的正弦波。

u_I 逐渐升高的过程

当 $u_I < \dfrac{1}{3}V_{CC}$ 时，　$TH < \dfrac{2}{3}V_{CC}$，$\overline{TR} < \dfrac{1}{3}V_{CC}$，故 $u_O = u_{OH}$。

当 $\dfrac{1}{3}V_{CC} < u_I < \dfrac{2}{3}V_{CC}$ 时，$TH < \dfrac{2}{3}V_{CC}$，$\overline{TR} > \dfrac{1}{3}V_{CC}$，输出保持不变，故 $u_O = u_{OH}$。

当 $u_I > \dfrac{2}{3}V_{CC}$ 时，$TH > \dfrac{2}{3}V_{CC}$，$\overline{TR} > \dfrac{1}{3}V_{CC}$，输出保持不变，故 $u_O = u_{OL}$。

因此，$U_{T+} = \dfrac{2}{3}V_{CC}$（上限阈值电压）。

2）u_I 从大于 $\dfrac{2}{3}V_{CC}$ 开始下降的过程

当 $\dfrac{1}{3}V_{CC} < u_I < \dfrac{2}{3}V_{CC}$ 时，$TH < \dfrac{2}{3}V_{CC}$，$\overline{TR} > \dfrac{1}{3}V_{CC}$，输出保持不变，故 $u_O = u_{OL}$。

当 $u_I < \dfrac{1}{3}V_{CC}$ 时，$TH < \dfrac{2}{3}V_{CC}$，$\overline{TR} < \dfrac{1}{3}V_{CC}$，故 $u_O = u_{OH}$。

因此，$U_{T-} = \dfrac{1}{3}V_{CC}$（下限阈值电压）。

得出电路回差电压为

$$\Delta U_T = U_{T+} - U_{T-} = \dfrac{1}{3}V_{CC}$$

由此可见，通过调节 V_{CC} 的大小，可使相同的输入信号输出不同周期的矩形波。也可通过调节 V_{CC} 的大小，改变阈值电压，从而对输入信号的幅度进行鉴别。

由此可见，通过调节 V_{CC} 的大小，可使相同的输入信号输出不同周期的矩形波。也可通过调节 V_{CC} 的大小，改变阈值电压，从而对输入信号的幅度进行鉴别。

以上介绍了一些常用的组合逻辑电路集成模块，大家知道吗？它们还有一个更流行的名字叫"芯片"，只是大家印象中的芯片功能更强大，而这里介绍的芯片更简单更基础，但是，大家想想如果没有简单的、基础的支持，哪来的高效？同理，数字电子技术是一门非常重要的专业基础课，我们只有在学习阶段尽自己所能的学好基础，才能在工作上发光发热为祖国"创造最强芯片的目标"做出自己的一份贡献。

另外，大家应该从本章的项目以及集成电路模块的应用介绍中发现，功能再小的一个组合电路都需要用到 2 块或以上的集成电路芯片，随着组合电路功能的复制化，集成的芯片也会越来越多，各芯片有序、合理的协调工作，才能发挥电路的最强功能，这多么像现代企业、项目团队的合作工作模式，科技与生活或许就是这样相互学习、相互成就、相互成长的。作为现代的大学生与将来的就业者、创业者，我们从书本中学习到的可以更多！

2.4 习题

1. 分析图 2-49 所示电路的逻辑功能。

2. 已知某组合逻辑电路的输入 A、B、C 与输出 Y 的波形如图 2-50 所示。请写出输出逻辑表达式，并画出逻辑电路图。

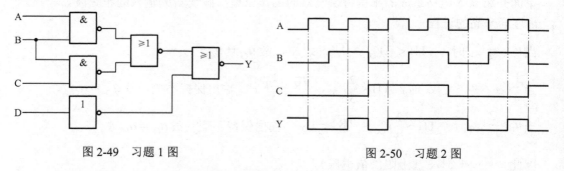

图 2-49 习题 1 图   图 2-50 习题 2 图

3. 设计一个判断两个数 A、B 大小的电路，已知 A 和 B 均为两位二进制数，$A=A_1A_0$，$B=B_1B_0$。

4. 试用 2 输入与非门设计一个 3 输入的组合逻辑电路。当输入的二进制码小于 3 时，输出为 0；输入大于等于 3 时，输出为 1。

5. 有一火灾报警系统，设有烟感、温感和紫外光感三种类型的火灾探测器。为防止误报警，只有在两种或两种以上类型的探测器发出火灾检测信号时，报警系统才产生报警控制信号。设计一个产生报警控制信号的电路。

6. 某雷达站有 3 部雷达 A、B、C，其中 A 和 B 功率消耗相同，C 的功率是 A 的两倍。这些雷达由两台发电机 X 和 Y 供电，发电机 X 的最大输出功率等于雷达 A 的功率消耗，发电机 Y 的最大输出功率是 X 的 3 倍。要求设计一个逻辑电路，能够根据各雷达的启动和关闭信号，以最节约电能的方式起停发电机。

7．试用两个 CD4532（8 线—3 线）优先编码器构成一个 16 线—4 线优先编码器。

8．7 层楼房电梯供用户选择的按钮共有 7 个，利用 8 线—3 线优先编码器设计电路，使电路对 7 个按钮信号进行编码，通过 3 根信号线将用户按下的按钮信号送到控制电路。

9．试用 74LS138 译码器实现逻辑函数 $F(A, B, C) = \sum m$ （1,3,5,6,7）。

10．分析图 2-51 所示的电路，要求列出真值表并写出逻辑表达式。

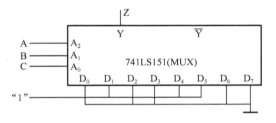

图 2-51 习题 10 图

11．用双 3 线-8 线译码器 74HC138 及最少的与非门实现下列逻辑函数。

（1） $Z_1(A,B,C) = \overline{AC} + \overline{AB \oplus C}$

（2） $Z_2(A,B,C) = AB + AC + BC$

12．试用 8 选 1 数据选择器 74LS151 产生逻辑函数 $Y(A, B, C) = \overline{A} \cdot \overline{B} \cdot \overline{C} + A \cdot \overline{B} \cdot \overline{C} + AB$。试用 8 选 1 数据选择器 74LS151 设计三变量多数表决电路。

13．某医院有一号、二号、三号、四号 4 间病室，每间病室设有呼叫按钮，在护士值班室内对应地装有一号、二号、三号、四号 4 个指示灯。要求当一号病室的按钮按下时，无论其他病室内的按钮是否按下，只有一号灯亮。当一号病室的按钮没有按下，而二号病室的按钮按下时，无论三、四号病室的按钮是否按下，只有二号灯亮。当一、二号病室的按钮都未按下，而三号病室的按钮按下时，无论四号病室的按钮是否按下，只有三号灯亮。只有在一、二、三号病室的按钮均未按下时，四号灯才亮。试用优先编码器 74LS148 及门电路设计满足上述控制要求的逻辑电路。

14．图 2-52（a）为利用 8 选 1 电路 74LS151 构成的序列信号发生器。当输入信号 A、B、C 如图 2-52（b）所示时，画出输出信号 F 的波形。

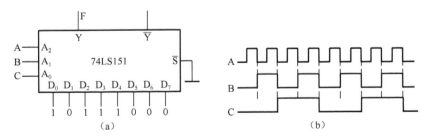

图 2-52 习题 14 图

15．试用 555 定时器构成一个单稳态电路，要求输出脉冲幅度大于等于 10V,输出脉冲宽度在 1～10s 范围内连续可调。

16. 图 2-53 是用两个 555 定时器构成的延迟报警器。当开关 S 断开时，经过一定的延迟时间后，扬声器开始发出声音。如果在延迟时间内 S 重新闭合，扬声器不会发出声音。在图中给定的参数下，试求延迟时间的具体数值和扬声器发出声音的频率。图中 G_1 是 CMOS 反相器，电源电压为 12V。

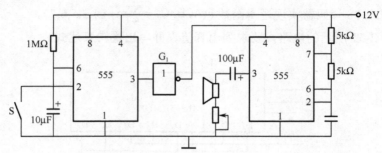

图 2-53　习题 16 图

17. 由 555 定时器构成的电路如图 2-54 所示。

（1）指出该电路的功能

（2）计算回差电压 ΔU_T。

（3）已知输入电压波形，画出相应的输出电压波形。

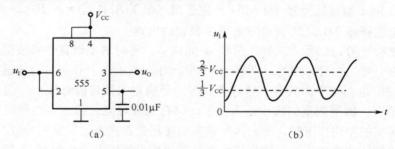

图 2-54　习题 17 图

数字温度警报器

温度是一个与人们日常生活和工业应用有着密切关系的物理量，也是一种在生产、科研、生活中需要测量和控制的重要物理量，它还是国际单位制中七个基本量之一。可通过温度传感器将温度信号转换成电信号，再通过相应的信号调理电路和数字电路对电信号进行处理，最终通过数码管显示温度，或者在不同的温度范围内发出相应的报警信号。本项目中的数字温度警报器选择PT100热电阻温度传感器，通过电桥将温度信号转换成电压信号，然后经过放大、V/F变换、频率测量和转换等过程，实现温度的测量和显示；同时可以通过按键选择温度计的报警值，当温度高于某个设定值时，警报器告警指示灯点亮并发出声音警报，温度测量范围为0~99.9℃。

【项目学习目标】

❖ 能认识项目中元器件的符号
❖ 能认识、检测及选用元器件
❖ 能查阅元器件手册并根据手册进行元器件的选择和应用
❖ 能分析电路的原理和工作过程
❖ 能对数字温度警报器电路进行仿真分析和验证
❖ 能制作和调试数字温度警报器电路
❖ 能文明操作，遵守实训室管理规定
❖ 能相互协作完成技术文档并进行项目汇报

【项目任务分析】

➢ 学习和查阅相关元器件的技术手册，进行元器件的检测，完成项目元器件检测表
➢ 通过对相关专业知识的学习，分析项目电路工作原理，完成项目原理分析表
➢ 在Proteus软件中进行项目仿真分析和验证，完成仿真分析表
➢ 按照安装工艺的要求进行项目装配和调试，并完成调试表
➢ 撰写项目制作与调试报告
➢ 项目完成后进行展示汇报和作品互评，完成项目评价表

【项目电路组成】

数字温度警报器电路主要由温度检测电路、信号放大电路、V/F变换电路、超温比较电路等组成，电路组成框图如图3-1所示，电路原理图如图3-2和图3-3所示。

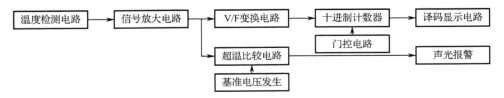

图3-1 数字温度警报器电路组成框图

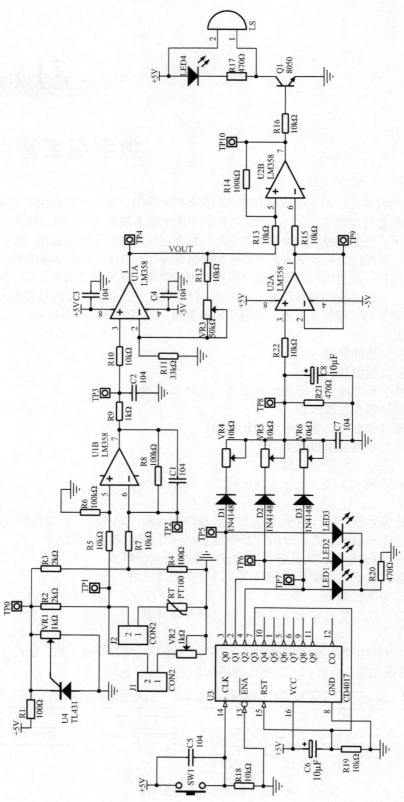

图 3-2 数字温度警报器电路原理图（一）

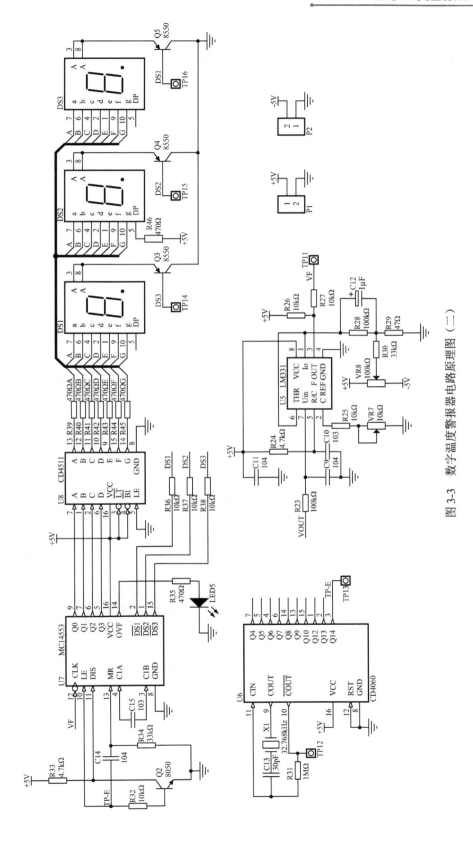

图 3-3　数字温度警报器电路原理图（二）

任务 1 数字温度警报器工作原理分析

【学习目标】
（1）能认识常用的元器件符号。
（2）能分析数字温度警报器模块电路的组成及工作过程。
（3）能对数字温度警报器模块进行仿真。

【工作内容】
（1）认识热电阻、集成运算放大器等元器件的符号。
（2）对组成模块的电路进行分析和参数计算。
（3）对数字温度警报器模块电路进行仿真分析。

子任务 1 认识电路中的元器件

1. PT100 热电阻

物质的电阻率随温度变化而变化的物理现象称为热电阻效应。电阻式温度检测器（RTD，Resistance Temperature Detector）就是根据热电阻效应制成的，其电阻值会随温度的上升而改变，如果电阻值随温度的上升而上升就称其具有正电阻系数，如果电阻值随温度的上升而下降就称其具有负电阻系数。大部分电阻式温度检测器是以金属制成的，其中以白金（Pt）制成的电阻式温度检测器最为稳定，普遍被工业界采用。

PT100 温度检测器是一种以白金制成的电阻式温度检测器，又称 PT100 热电阻，具有正电阻系数，其电阻值和温度之间的关系式如下：

$$R_t = R_0(1 + aT)$$

式中，a=0.00392，R_0（在 0℃的电阻值）为 100Ω，T 为摄氏温度。PT100 热电阻可以工作在 −200～650℃范围内。

PT100 热电阻的电气符号和外形如图 3-4 和图 3-5 所示。

图 3-4　PT100 热电阻的电气符号　　　　　　　　图 3-5　PT100 热电阻的外形

PT100 热电阻的电阻值 R_t 与温度 T 之间呈非线性关系，可每隔一定温度测出其电阻值并制成表格，这种表格称为热电阻分度表，PT100 热电阻分度表见表 3-1。

表 3-1 PT100 热电阻分度表

温度(℃)	0	1	2	3	4	5	6	7	8	9
	电阻值（Ω）									
−200	18.52									
−190	22.83	22.40	21.97	21.54	21.11	20.68	20.25	19.82	19.38	18.95
−180	27.10	26.67	26.24	25.82	25.39	24.97	24.54	24.11	23.68	23.25
−170	31.34	30.91	30.49	30.07	29.64	29.22	28.80	28.37	27.95	27.52
−160	35.54	35.12	34.70	34.28	33.86	33.44	33.02	32.60	32.18	31.76
−150	39.72	39.31	38.89	38.47	38.05	37.64	37.22	36.80	36.38	35.96
−140	43.88	43.46	43.05	42.63	42.22	41.80	41.39	40.97	40.56	40.14
−130	48.00	47.59	47.18	46.77	46.36	45.94	45.53	45.12	44.70	44.29
−120	52.11	51.70	51.29	50.88	50.47	50.06	49.65	49.24	48.83	48.42
−110	56.19	55.79	55.38	54.97	54.56	54.15	53.75	53.34	52.93	52.52
−100	60.26	59.85	59.44	59.04	58.63	58.23	57.82	57.41	57.01	56.60
−90	64.30	63.90	63.49	63.09	62.68	62.28	61.88	61.47	61.07	60.66
−80	68.33	67.92	67.52	67.12	66.72	66.31	65.91	65.51	65.11	64.70
−70	72.33	71.93	71.53	71.13	70.73	70.33	69.93	69.53	69.13	68.73
−60	76.33	75.93	75.53	75.13	74.73	74.33	73.93	73.53	73.13	72.73
−50	80.31	79.91	79.51	79.11	78.72	78.32	77.92	77.52	77.12	76.73
−40	84.27	83.87	83.48	83.08	82.69	82.29	81.89	81.50	81.10	80.70
−30	88.22	87.83	87.43	87.04	86.64	86.25	85.85	85.46	85.06	84.67
−20	92.16	91.77	91.37	90.98	90.59	90.19	89.80	89.40	89.01	88.62
−10	96.09	95.69	95.30	94.91	94.52	94.12	93.73	93.34	92.95	92.55
0	100.00	99.61	99.22	98.83	98.44	98.04	97.65	97.26	96.87	96.48
0	100.00	100.39	100.78	101.17	101.56	101.95	102.34	102.73	103.12	103.51
10	103.90	104.29	104.68	105.07	105.46	105.85	106.24	106.63	107.02	107.40
20	107.79	108.18	108.57	108.96	109.35	109.73	110.12	110.51	110.90	111.29
30	111.67	112.06	112.45	112.83	113.22	113.61	114.00	114.38	114.77	115.15
40	115.54	115.93	116.31	116.70	117.08	117.47	117.86	118.24	118.63	119.01
50	119.40	119.78	120.17	120.55	120.94	121.32	121.71	122.09	122.47	122.86
60	123.24	123.63	124.01	124.39	124.78	125.16	125.54	125.93	126.31	126.69
70	127.08	127.46	127.84	128.22	128.61	128.99	129.37	129.75	130.13	130.52
80	130.90	131.28	131.66	132.04	132.42	132.80	133.18	133.57	133.95	134.33
90	134.71	135.09	135.47	135.85	136.23	136.61	136.99	137.37	137.75	138.13
100	138.51	138.88	139.26	139.64	140.02	140.40	140.78	141.16	141.54	141.91
110	142.29	142.67	143.05	143.43	143.80	144.18	144.56	144.94	145.31	145.69
120	146.07	146.44	146.82	147.20	147.57	147.95	148.33	148.70	149.08	149.46
130	149.83	150.21	150.58	150.96	151.33	151.71	152.08	152.46	152.83	153.21
140	153.58	153.96	154.33	154.71	155.08	155.46	155.83	156.20	156.58	156.95

续表

温度（℃）	0	1	2	3	4	5	6	7	8	9
	电阻值（Ω）									
150	157.33	157.70	158.07	158.45	158.82	159.19	159.56	159.94	160.31	160.68
160	161.05	161.43	161.80	162.17	162.54	162.91	163.29	163.66	164.03	164.40
170	164.77	165.14	165.51	165.89	166.26	166.63	167.00	167.37	167.74	168.11
180	168.48	168.85	169.22	169.59	169.96	170.33	170.70	171.07	171.43	171.80
190	172.17	172.54	172.91	173.28	173.65	174.02	174.38	174.75	175.12	175.49
200	175.86	176.22	176.59	176.96	177.33	177.69	178.06	178.43	178.79	179.16
210	179.53	179.89	180.26	180.63	180.99	181.36	181.72	182.09	182.46	182.82
220	183.19	183.55	183.92	184.28	184.65	185.01	185.38	185.74	186.11	186.47
230	186.84	187.20	187.56	187.93	188.29	188.66	189.02	189.38	189.75	190.11
240	190.47	190.84	191.20	191.56	191.92	192.29	192.65	193.01	193.37	193.74
250	194.10	194.46	194.82	195.18	195.55	195.91	196.27	196.63	196.99	197.35
260	197.71	198.07	198.43	198.79	199.15	199.51	199.87	200.23	200.59	200.95
270	201.31	201.67	202.03	202.39	202.75	203.11	203.47	203.83	204.19	204.55
280	204.90	205.26	205.62	205.98	206.34	206.70	207.05	207.41	207.77	208.13
290	208.48	208.84	209.20	209.56	209.91	210.27	210.63	210.98	211.34	211.70
300	212.05	212.41	212.76	213.12	213.48	213.83	214.19	214.54	214.90	215.25
310	215.61	215.96	216.32	216.67	217.03	217.38	217.74	218.09	218.44	218.80
320	219.15	219.51	219.86	220.21	220.57	220.92	221.27	221.63	221.98	222.33
330	222.68	223.04	223.39	223.74	224.09	224.45	224.80	225.15	225.50	225.85
340	226.21	226.56	226.91	227.26	227.61	227.96	228.31	228.66	229.02	229.37
350	229.72	230.07	230.42	230.77	231.12	231.47	231.82	232.17	232.52	232.87
360	233.21	233.56	233.91	234.26	234.61	234.96	235.31	235.66	236.00	236.35
370	236.70	237.05	237.40	237.74	238.09	238.44	238.79	239.13	239.48	239.83
380	240.18	240.52	240.87	241.22	241.56	241.91	242.26	242.60	242.95	243.29
390	243.64	243.99	244.33	244.68	245.02	245.37	245.71	246.06	246.40	246.75
400	247.09	247.44	247.78	248.13	248.47	248.81	249.16	249.50	245.85	250.19
410	250.53	250.88	251.22	251.56	251.91	252.25	252.59	252.93	253.28	253.62
420	253.96	254.30	254.65	254.99	255.33	255.67	256.01	256.35	256.70	257.04
430	257.38	257.72	258.06	258.40	258.74	259.08	259.42	259.76	260.10	260.44
440	260.78	261.12	261.46	261.80	262.14	262.48	262.82	263.16	263.50	263.84
450	264.18	264.52	264.86	265.20	265.53	265.87	266.21	266.55	266.89	267.22
460	267.56	267.90	268.24	268.57	268.91	269.25	269.59	269.92	270.26	270.60
470	270.93	271.27	271.61	271.94	272.28	272.61	272.95	273.29	273.62	273.96
480	274.29	274.63	274.96	275.30	275.63	275.97	276.30	276.64	276.97	277.31
490	277.64	277.98	278.31	278.64	278.98	279.31	279.64	279.98	280.31	280.64

续表

温度（℃）	0	1	2	3	4	5	6	7	8	9
	电阻值（Ω）									
500	280.98	281.31	281.64	281.98	282.31	282.64	282.97	283.31	283.64	283.97
510	284.30	284.63	284.97	285.30	285.63	285.96	286.29	286.62	286.85	287.29
520	287.62	287.95	288.28	288.61	288.94	289.27	289.60	289.93	290.26	290.59
530	290.92	291.25	291.58	291.91	292.24	292.56	292.89	293.22	293.55	293.88
540	294.21	294.54	294.86	295.19	295.52	295.85	296.18	296.50	296.83	297.16
550	297.49	297.81	298.14	298.47	298.80	299.12	299.45	299.78	300.10	300.43
560	300.75	301.08	301.41	301.73	302.06	302.38	302.71	303.03	303.36	303.69
570	304.01	304.34	304.66	304.98	305.31	305.63	305.96	306.28	306.61	306.93
580	307.25	307.58	307.90	308.23	308.55	308.87	309.20	309.52	309.84	310.16
590	310.49	310.81	311.13	311.45	311.78	312.10	312.42	312.74	313.06	313.39
600	313.71	314.03	314.35	314.67	314.99	315.31	315.64	315.96	316.28	316.60
610	316.92	317.24	317.56	317.88	318.20	318.52	318.84	319.16	319.48	319.80
620	320.12	320.43	320.75	321.07	321.39	321.71	322.03	322.35	322.67	322.98
630	323.30	323.62	323.94	324.26	324.57	324.89	325.21	325.53	325.84	326.16
640	326.48	326.79	327.11	327.43	327.74	328.06	328.38	328.69	329.01	329.32
650	329.64	329.96	330.27	330.59	330.90	331.22	331.53	331.85	332.16	332.48
660	332.79									

2. 集成运算放大器（LM358）

1）电气符号与封装

LM358 内部有两个独立的高增益、内部频率补偿的双运算放大器，适合于电压范围很宽的单电源使用，也适用于双电源工作模式，在推荐的工作条件下，电源电流与电源电压无关。其适用范围包括传感放大器、直流增益模组、音频放大器、工业控制、DC 增益部件和其他所有可用单电源供电使用的运算放大器的场合。LM358 的封装形式有塑封 8 引脚双列直插式和贴片式，其封装如图 3-6 所示。LM358 的引脚排列和内部结构如图 3-7 所示。

图 3-6　LM358 封装图

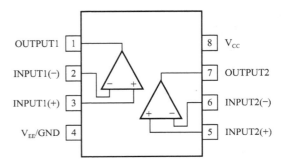

图 3-7　LM358 的引脚排列和内部结构

2）LM358 的参数

➤ 输入偏置电流：45nA。

➤ 输入失调电流：50nA。

➤ 输入失调电压：2.9mV。

➤ 输入共模电压范围：−0.3～32V。

➤ 共模抑制比：80dB。

➤ 电源抑制比：100dB。

3）LM358 的特点

➤ 直流电压增益高（约 100dB）。

➤ 单位增益频带宽（约 1MHz）。

➤ 电源电压范围宽：单电源为 3～30V，双电源为±1.5～±15V。

➤ 低输入偏流。

➤ 低输入失调电压和失调电流。

3. 三端可调基准电压源（TL431）

1）电气符号与封装

TL431 是一个有良好的热稳定性能的三端可调分流基准电压源。它的输出电压用两个电阻就可以设置为从 V_{ref}（2.5V）到 36V 范围内的任何值。该器件的典型动态阻抗为 0.2Ω，在很多应用中可以用它代替稳压二极管，如数字电压表、运放电路、可调压电源、开关电源等。其 TO-92 封装与引脚排列如图 3-8 所示，电气符号如图 3-9 所示，内部功能框图如图 3-10 所示。

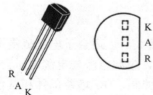

图 3-8 TL431 封装与引脚排列图　　图 3-9 电气符号

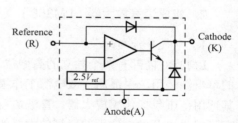

图 3-10 内部功能框图

2）TL431 的主要参数

➤ 可编程输出电压：2.5～36V。

➤ 电压参考误差：±0.4%（25℃）。

➤ 负载电流：1.0～100mA。

➤ 最大输入电压：37V。

➤ 最大工作电流：150mA。

➤ 内基准电压：2.495V（25℃）。

3）TL431 的特点

➤ 低动态输出阻抗，典型值为 0.22Ω。

➤ 典型等效全范围温度系数为 50ppm/℃。

➢ 低输出噪声电压。

➢ 快速动态响应。

➢ ESD 电压为 2000V。

4）典型应用电路

TL431 的几种典型应用电路如图 3-11～图 3-13 所示。

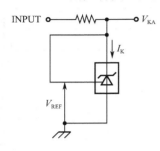

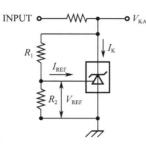

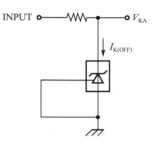

图 3-11　$V_{KA}=V_{REF}$　　　图 3-12　$V_{KA}\approx V_{REF}(1+R_1/R_2)$　　　图 3-13　$I_{K(OFF)}=0$

4. 精密电压/频率（V/F）转换器（LM331）

1）电气符号与封装

LM331 是一款性能价格比较高的集成芯片，可用作 V/F 转换器、A/D 转换器、线性频率调制解调器、长时间积分器等。LM331 采用了新的温度补偿能隙基准电路，在整个工作温度范围内和低到 4.0V 电源电压下都有极高的精度。LM331 的动态范围宽，可达 100dB；线性度好，最大非线性失真小于 0.01%，工作频率低到 0.1Hz 时尚有较好的线性度；变换精度高，数字分辨率可达 12 位；外接电路简单，只需接入几个外部元件就可方便地构成 V/F 或 F/V 等变换电路，并且容易保证转换精度。LM331 的封装和引脚图如图 3-14 和图 3-15 所示，引脚功能见表 3-2。

图 3-14　LM331 的封装

1	IOUT	VS	8
2	IREF	COMPIN	7
3	FOUT	THRESH	6
4	GND	RC	5

图 3-15　LM331 引脚图

表 3-2　LM331 引脚功能表

引脚		引脚类型	功　能
名称	引脚号		
IOUT	1	输出	电流输出端
IREF	2	输入	参考电流输入端
FOUT	3	输出	频率输出端（集电极开路）
GND	4	地	工作地端

引脚		引脚类型	功　　能
名称	引脚号		
RC	5	输入	定时比较器时间设置端
THRESH	6	输入	比较器阈值设置输入端
COMPIN	7	输入	同相输入比较器的输入端
VS	8	电源	工作电源端

2）内部结构和工作原理

LM331 的内部结构如图 3-16 所示。它包括以下几个部分。

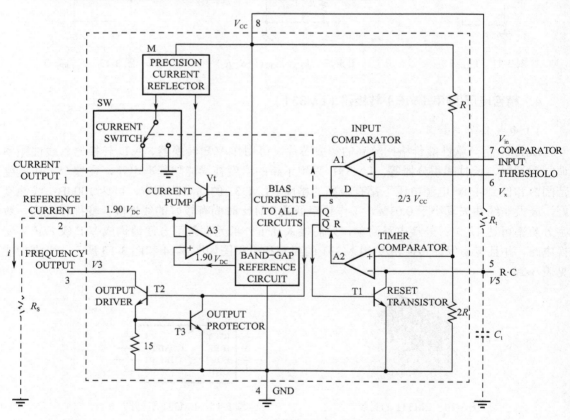

图 3-16　LM331 的内部结构

（1）由基电源、精密电流镜 M、电流开关 SW、电流泵 Vt 和 A3 等组成开关恒流源。其功能是向各个电路单独提供偏置电流，在引脚 2（IREF）产生稳定的 1.90V 电压，以及在 RS 触发器 D 的控制下，给引脚 1（IOUT）提供基准电流 $I=I_s=1.90/R_s$。

（2）输入比较器 A1。其输入端引脚 7（COMPIN）接输入电压 V_{in}，引脚 6（THRESH）为阈值电压 V_x，通常与引脚 1（IOUT）相连，并外接 R_L、C_L。当 $V_x<V_{in}$ 时，A1 输出高电平。

（3）由定时比较器 A2、RS 触发器 D、复位晶体管 T1 组成单稳态时器。A2 的一个输入端在内部通过电阻 R、$2R$ 获得固定分压 $2V_{CC}/3$，另一输入端引脚 5 外接 R_t、C_t，引脚 5（RC）

电压 V_5 随着 C_t 充放电状态的不同而变化，当 $V_5>2V_{CC}/3$ 时，A2 输出高电平。

（4）由晶体管 T2、T3 组成的输出驱动和保护电路。它将 D 的 Q 端引到输出端引脚 3（FOUT），Q 为高电平时，V_3 为低电平。

V/F 变换的实现关键在于 A1、A2 如何根据它们输入端电压的变化，周期性地控制触发器 D 的翻转，在输出端产生一定频率的方波。RS 触发器的真值表见表 3-3。

表 3-3 控制 D 翻转的 RS 触发器真值表

R	S	Q
0	0	不变
0	1	1
1	0	0
1	1	不定

假定某一时刻 $V_5<2V_{CC}/3$，$V_x<V_{in}$，则 D 端的两输入端 R=0，S=1。因此有：

① Q=1，V_3=0。

② $\overline{Q}$=0，使 T1 截止，V_{CC} 通过 R_t 给电容 C_t 充电，使 V_5 上升到 $2V_{CC}/3$，充电的定时周期 $t_0=1.1R_tC_t$。

③ 电流开关 SW 合上，恒流源给 C_L 充电，使 V_x 上升。

随后可能出现两种情况。

情况 1：V_x 先上升到 $V_x>V_{in}$。这时 A1 输出低电平，即有 S=0，R=0，但 Q 不变，C_L 仍处于充电状态，V_x 继续上升。直到 V_5 上升到 $2V_{CC}/3$ 时，A2 输出高电平，使 R=1，因此有：

① Q=0，V_3=1。

② $\overline{Q}$=1，使 T1 导通，C_t 上的电荷通过 T1 放掉，迅速使 $V_5<2V_{CC}/3$，定时器复位，R=0。

③ 电流开关 SW 断开，C_L 通过 R_L 放电，V_x 逐渐下降。当 $V_x<V_{in}$ 时，S=1。

这样完成了一个循环，（R，S）的变化过程为（0，1）→（0，0）→（1，0）→（0，0）→（0，1）。

V/F 转换波形如图 3-17 所示，其中 t_1 是 C_t 的充电时间，即等于充电定时周期 t_0；t_2 是 C_t 的放电时间，它受 R_L、V_{in} 的影响。由于注入 C_t 的电流严格等于 $I_{AVE}=\dfrac{t_1}{t_1+t_2}=It_0f_{out}$，流出 C_L 的电流等于 $V_x/R_L\approx V_{in}/R_L$，所以

$$I_{AVE}=It_0f_{out}=V_x/R_L\approx V_{in}/R_L$$

故

$$f_{out}=\frac{V_{in}}{R_L}\times\frac{1}{It_0}=\frac{V_{in}}{R_L\times\dfrac{1.90}{R_S}\times1.1R_tC_t}=\frac{R_S\times V_{in}}{2.09R_LR_tC_t}$$

情况 2：V_5 先上升到 $V_5>2V_{CC}/3$。这时 A2 输出高电平，即有 S=1，R=1。在这种状态下，Q 是不定的，定时器不会被复位，C_t 也将继续充电，达到 $V_x>V_{in}$ 后，即进入情况 1 的正常状态。

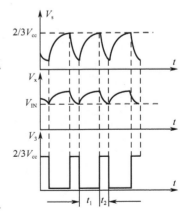

图 3-17 V/F 转换波形

3）LM331 的主要参数

> 最大非线性失真：0.01%。
> 工作频率最低值：0.1Hz。
> 工作电源电压：4～40V。
> 工作温度范围：0～70℃。
> 功耗：500mW。

4）LM331 的特点

> 动态范围宽。
> 非线性失真小。
> 工作频率范围宽。
> 变换精度高。
> 可用作 F/V 变换器，也可用作 V/F 变换器。

5）典型应用电路

利用 LM331 实现 V/F 变换的典型应用电路如图 3-18 所示，其中 R_{s2} 用来调节输出频率，该电路的误差典型值为±0.03%，输入电压 V_{in} 为 0～10V，输出频率范围为 0～10kHz。按照图中元件的取值可得：

$$f_{out} = \frac{R_S \times V_{in}}{2.09 R_L R_t C_t} = \frac{(12\sim17)\times10^3 V_{in}}{2.09\times100\times6.8\times0.01}$$
$$= (0.84\sim1.20)V_{in}\times10^3\,Hz$$

利用 LM331 实现高精度 F/V 变换的应用电路如图 3-19 所示，该电路在 10kHz 下可实现非线性误差为±0.01%的高精度转换。按照图中元件的取值可得：

$$V_{out} = -f_{in}\times2.09\times\frac{R_f}{R_s}\times(R_t C_t)$$
$$= -f_{in}\times2.09\times\frac{100}{(12.1\sim17.1)}\times(6.8\times0.01)$$
$$= (0.84\sim1.20)f_{in}\times10^{-3}\,V$$

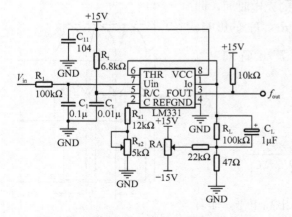

图 3-18　利用 LM331 实现 V/F 变换的
典型应用电路

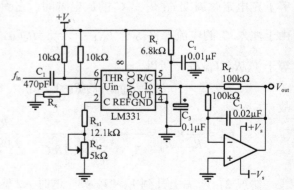

图 3-19　利用 LM331 实现高精度 F/V 变换的
应用电路

5. 十进制计数器/脉冲分配器（CD4017）

1）电气符号与封装

CD4017 是一个 5 阶 Johnson 十进制计数器，具有 10 个高电平译码输出端和 CLOCK、RESET、CLOCK INHIBIT 输入端，时钟输入端的施密特触发器具有脉冲整形功能，对输入时钟脉冲上升和下降时间无限制。CLOCK INHIBIT 为低电平时，计数器在时钟上升沿计数；反之，计数功能无效。RESET 为高电平时，计数器清零。CD4017 的封装和引脚图如图 3-20 所示，引脚功能见表 3-4。

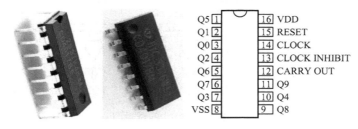

图 3-20　CD4017 的封装和引脚图

表 3-4　CD4017 引脚功能表

引　脚　号	符　号	功　能	引　脚　号	符　号	功　能
1	Q5	译码输出端	9	Q8	译码输出端
2	Q1	译码输出端	10	Q4	译码输出端
3	Q0	译码输出端	11	Q9	译码输出端
4	Q2	译码输出端	12	CARRY OUT	进位输出端
5	Q6	译码输出端	13	CLOCK INHIBIT	时钟禁止
6	Q7	译码输出端	14	CLOCK	时钟
7	Q3	译码输出端	15	RESET	复位
8	VSS	地	16	VDD	电源

2）内部结构和工作原理

CD4017 的功能框图、内部结构和逻辑图如图 3-21～图 3-23 所示。真值表见表 3-5，时序图如图 3-24 所示。

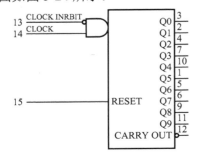

图 3-21　CD4017 的功能框图

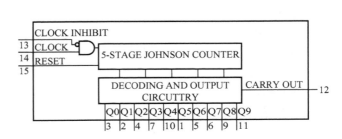

图 3-22　CD4017 的内部结构

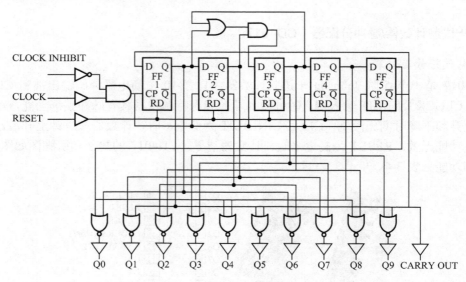

图 3-23　CD4017 的逻辑图

表 3-5　CD4017 的真值表

RESET	CLOCK	CLOCK INHIBIT	功　　能
H	X	X	Q0=CARRY OUT=H; Q0~Q9=L
L	H	↓	计数器进位
L	↑	L	计数器进位
L	L	X	不变
L	X	H	不变
L	H	↑	不变
L	↓	L	不变

注：H 为高电平电压，L 为低电平电压，X 为忽略不计，↑ 为上升沿，↓ 为下降沿。

3）CD4017 的极限参数

➤ 电源电压：-0.5～20V。

➤ 输入电压：-0.5～V_{DD}+0.5V。

➤ 输入电流：±10mA。

➤ 工作温度范围：-40～85℃。

➤ 功耗：500mW。

4）CD4017 的特点

➤ 全静态工作。

➤ 5V、10V、15V 参数标准范围。

➤ 标准的对称输出特性。

> 封装形式：DIP16/SOP16/TSSOP16。

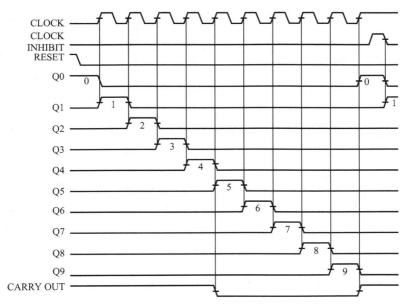

图 3-24　CD4017 的时序图

5）应用电路

利用 CD4017 实现脉冲数目编码电路如图 3-25 所示，译码电路如图 3-26 所示，一般可用于红外线、超声波或无线电脉冲信号的遥控发射和接收。

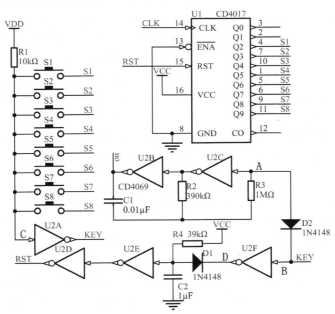

图 3-25　利用 CD4017 实现脉冲数目编码电路

数字电子技术项目仿真与工程实践

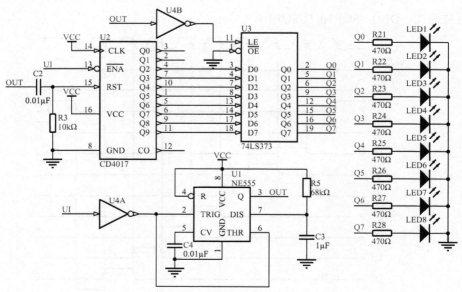

图 3-26   利用 CD4017 实现脉冲数目译码电路

图 3-25 中，U2B、U2C 组成多谐振荡器，但振荡与否由 B 点电平决定。B 点为高电平，多谐振荡器振荡；但 B 点电平与 C 点电平有关，若 C 点为高电平，则 B 点为低电平，多谐振荡器停振。

接通电源时，VDD 通过 R4 向 C2 充电，经 U2E、U2D 反相再反向，CD4017 的 RST=1 而复位，Q0=1，Q1～Q9=0。此时若 S1～S8 均未被按下，则 C 点为高电平，A、B 点为低电平，多谐振荡器停振。若 S1～S8 中有键被按下，如按下 S5，则 Q6=0，即 C 点为低电平，B 点为高电平，多谐振荡器振荡，从 uo 端输出振荡脉冲并进入 CLK 端使 CD4017 计数。计数 6 个脉冲后，Q6=1，即 C 点为高电平，A、B 点为低电平，多谐振荡器停振。

U2F 的作用是反相 B 点电平，当有键被按下后 C 点为低电平，B 点为高电平，D 点为低电平，电容 C2 通过 D1 放电，使 CD4017 的 RST=0 而脱离复位状态。当完成发送 m 个脉冲后，C 点为高电平，B 点为低电平，D 点为高电平，重启 C2 充电，使 CD4017 再次复位。

图 3-26 中，U1（NE555）组成单稳态电路，输入第一个脉冲的上升沿经 U4A 反相后的下跳变触发 NE555 电路翻转，NE555 电路 out 端输出正脉冲，经 C2、R3 微分电路产生正微分脉冲使 CD4017 复位。

CD4017 计数脉冲从 ENA 端输入，下降沿计数，输出端 Q0～Q9 随计数脉冲数变化。74LS373 为 8D 锁存器，门控端 LE=1 时呈透明状态；LE=0 时，输出原锁存信号。ui 端输入第一个脉冲的上升沿，使 NE555 的 out 端输出正脉冲，经 U4B 反相，使 U3 门控端 LE=0。因此，74LS373 并不理会输入端 D0～D7 端的信号变化，直至单稳态电路暂稳脉冲结束，NE555 的 out=0，经 U4B 反相，使 U3 门控端 LE=1，74LS373 才根据 CD4017 最终计数值改变输出端状态，从而避免 CD4017 的 Q2～Q9 计数输出中间过程出现在 74LS373 的输出端 D0～D7。例如，计数 6 个脉冲，CD4017 的 Q6=1，74LS373 的 D4=1，Q4=1，与编码电路中 S5 键吻合。

6. 14 级进位二进制计数器（CD4060）

1）电气符号与封装

CD4060 由一个振荡器和 14 位二进制计数器组成，振荡器可以外接 RC 或晶振电路。RST 为高电平时，计数器清零且振荡器使能无效。所有的计数器位均为主从触发器，在输入脉冲 $\phi1$ 和 $\phi0$ 的下降沿，计数器以二进制进行计数。所有的输入和输出采用施密特触发器进行缓冲，在时钟脉冲线上对时钟的上升和下降时间无限制。CD4060 的封装和引脚图如图 3-27 所示，引脚功能见表 3-6。

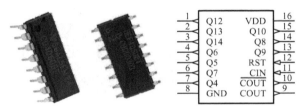

图 3-27　CD4060 的封装和引脚图

表 3-6　CD4060 引脚功能表

引脚号	符号	功能	引脚号	符号	功能
1	Q12	2^{12} 分频输出	9	COUT	时钟输出端
2	Q13	2^{13} 分频输出	10	$\overline{\text{COUT}}$	反向时钟输出端
3	Q14	2^{14} 分频输出	11	CIN	时钟使能端
4	Q6	2^{6} 分频输出	12	RST	复位端
5	Q5	2^{5} 分频输出	13	Q9	2^{9} 分频输出
6	Q7	2^{7} 分频输出	14	Q8	2^{8} 分频输出
7	Q4	2^{4} 分频输出	15	Q10	2^{10} 分频输出
8	GND	地	16	VDD	电源

2）内部结构和工作原理

CD4060 的功能框图和逻辑图如图 3-28 和图 3-29 所示。

3）CD4060 的极限参数

➢ 电源电压：$-0.5\sim18\text{V}$。

➢ 输入电压：$-0.5\sim V_{\text{DD}}+0.5\text{V}$。

➢ 工作温度范围：$-65\sim150\text{℃}$。

➢ 功耗：500mW（SMD），700mW（DIP）。

4）CD4060 的特点

➢ 全静态工作，电压范围宽。

➢ 计数级数高。

➢ 输出驱动能力较弱。

➢ 封装形式：DIP16/SOP16。

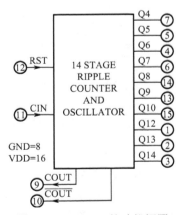

图 3-28　CD4060 的功能框图

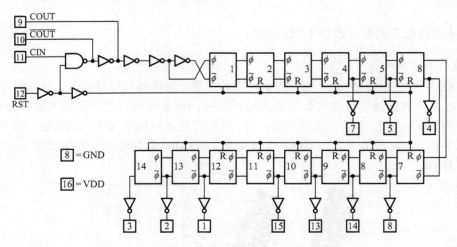

图 3-29　CD4060 的逻辑图

5）应用电路

利用 CD4060 构成的振荡器电路如图 3-30 所示，时钟发生电路如图 3-31 所示。图 3-30 中，外部电路构成的振荡器产生的振荡频率为 $f=\dfrac{1}{2.2R_X C_X}$，在各输出引脚上输出的信号频率为 $\dfrac{f}{2^n}$，其中 R_S 的取值要求为 R_X 的 2～10 倍，且 $R_X>1\mathrm{k}\Omega$，$C_X>100\mathrm{pF}$。图 3-31 中，振荡频率为 $f=32.768\mathrm{kHz}=2^{15}\mathrm{Hz}$，在各输出引脚上输出的信号频率为 $\dfrac{2^{15}}{2^n}$ Hz。

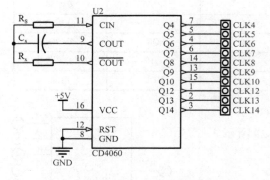

图 3-30　CD4060 构成的振荡器电路

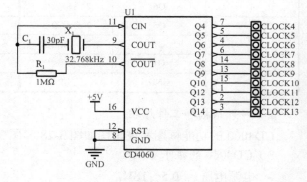

图 3-31　CD4060 构成的时钟发生电路

7. 3 位 BCD 码计数器（MC14553）

1）电气符号与封装

MC14553 是 3 位十进制计数器，它有 1 组 BCD 码输出端，采用动态扫描方式输出数码管的低电平动态扫描选通脉冲信号，依次控制 3 位 LED 数码管的公共端。MC14553 内部虽然有 3 组 BCD 码计数器（计数最大值为 999），但 BCD 码的输出端只有一组即 Q0～Q3，通过内部的多路转换开关能分时输出个、十、百位的 BCD 码，相应地输出 3 位选通信号。例如，当 Q0～Q3 输出个位的 BCD 码时，$\overline{\mathrm{DS1}}$ 端输出低电平；当 Q0～Q3 输出十位的 BCD 码时，$\overline{\mathrm{DS2}}$

端输出低电平；当 Q0～Q3 输出百位的 BCD 码时，$\overline{DS3}$ 端输出低电平，周而复始、循环不止。MC14553 的封装和引脚如图 3-32 所示，引脚功能见表 3-7。

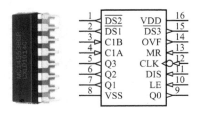

图 3-32　MC14553 的封装和引脚图

表 3-7　MC14553 引脚功能表

引脚号	符号	功能	引脚号	符号	功能
1	$\overline{DS2}$	数码管十位选通输出	16	VDD	电源
2	$\overline{DS1}$	数码管个位选通输出	15	$\overline{DS3}$	数码管百位选通输出
3	C1B	内部振荡器的外接电容端	14	OVF	溢出标志位
4	C1A	内部振荡器的外接电容端	13	MR	计数器清零
5	Q3	BCD 码输出端	12	CLK	计数脉冲输入端
6	Q2	BCD 码输出端	11	DIS	禁止计数使能端
7	Q1	BCD 码输出端	10	LE	锁存允许
8	VSS	电源地	9	Q0	BCD 码输出端

2）内部结构和工作原理

MC14553 的逻辑功能图如图 3-33 所示，它是一个由三个下降沿触发同步响应的 BCD 码计数器级联组成的 3 位十进制计数器，每组 BCD 码计数器的输出通过锁存允许信号 LE 和多路复用器实现时分复用，从而实现对每位计数器输出的 BCD 码输出对应的位控信号，控制数码管实现动态扫描显示。

片上的振荡器提供低频扫描时钟驱动多路复用器。振荡器的频率可以由引脚 3 和 4 之间外接的电容控制，也可以通过引脚 4 的外部时钟驱动。多个设备可以通过溢出输出 OVERFLOW（14 脚）级联使用，每 1000 个计数脉冲输出一个脉冲。当 MR（13 脚）输入为高电平时，对3 个 BCD 码计数器和多路复用器的扫描电路进行初始化复位，此时三位选输出和多路复用器的扫描振荡器被禁止以延长显示时间。

当 DISABLE（11 脚）为高电平时，将禁止输入时钟信号进入计数器，但是仍然维持最后一次计数。时钟输入电路的脉冲整形电路可以使计数器对变化缓慢的脉冲信号进行计数。

当 LE 为高电平时，计数值将独立于其他输入存储到锁存器上锁存。在整个复位周期内，如果计数器被重置且 LE 维持高电平，计数值将会从锁存器中重新获得。

MC14553 的真值表见表 3-8，时序图如图 3-34 所示。

数字电子技术项目仿真与工程实践

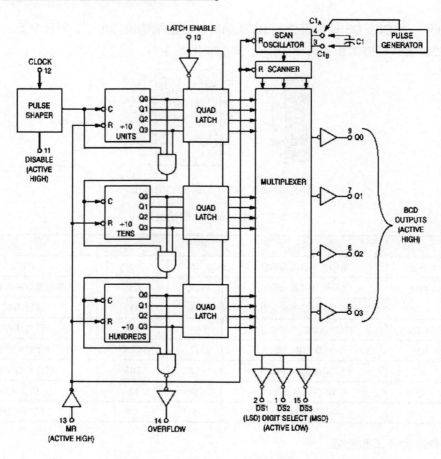

图 3-33 MC14553 的逻辑功能图

表 3-8 MC14553 的真值表

输 入				输 出
MR	CLK	DIS	LE	
0	↑	0	0	不变
0	↓	0	0	计数
0	X	1	X	不变
0	1	↑	0	计数
0	1	↓	0	不变
0	0	X	X	不变
0	X	X	↑	锁存
0	X	X	1	锁存
1	X	X	0	Q0=Q1=0 Q2=Q3=0

注：1 为高电平电压，0 为低电平电压，X 为忽略不计，↑为上升沿，↓为下降沿。

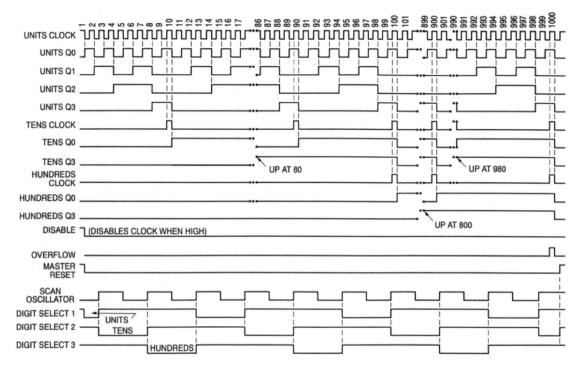

图 3-34 MC14553 的时序图

3）MC14553 的极限参数

➤ 电源电压：-0.5～18V。

➤ 输入电压：-0.5～V_{DD}+0.5V。

➤ 输入电流：±10mA。

➤ 工作温度范围：-55～125℃。

➤ 功耗：500mW。

4）MC14553 的特点

➤ 兼容 TTL 输出。

➤ 级联计数器和锁存器。

➤ 带时钟使能和复位。

➤ 输入时钟带整形电路。

5）应用电路

利用 MC14553 通过级联实现的 6 位数码管显示电路如图 3-35 所示。

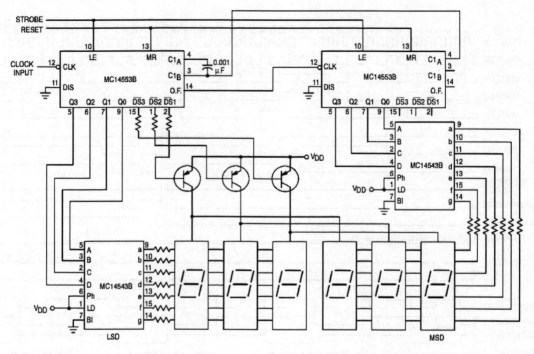

图 3-35　利用 MC14553 实现的 6 位数码管显示电路

子任务 2　电路原理认知学习

如图 3-2 和图 3-3 所示为数字温度警报器电路原理图，从图中可以看出该模块包括温度检测电路、信号放大电路、V/F 变换电路、门控电路、计数译码显示电路、超温报警电路等。

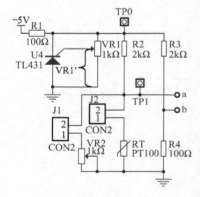

图 3-36　温度检测电路

1.　温度检测电路

温度检测电路主要由并联式稳压器、电桥和差分放大器组成，如图 3-36 所示。将 PT100 热电阻作为温度传感器，将温度的变化转换为电阻的变化，再通过惠斯顿电桥将电阻的变化转换为电压的变化。PT100 作为其中一个桥臂，当温度发生变化时将引起两桥臂间的电压变化。为提高测量精度，由 TL431 可控精密稳压源芯片为电桥提供激励电压，由 U4、R1、VR1 构成的并联式稳压电源为电桥提供高精度的 4.096V 激励电压 U_{TP0}，由前面对 TL431 的介绍可知：

$$U_{TP0}=\frac{VR1}{VR1'}\times2.5V$$

式中，VR1′为 VR1 下部动点和静点之间的阻值。

电桥由 R2、R3、R4 和 PT100 热电阻 RT 组成，VR2 用于电路调试，在电路调试过程中通过调节 VR2 来模拟 PT100 的温度变化，方便电路调试。电桥输出的差分电压：

$$U_{ab}=\left(\frac{R_2}{R_2+RT}-\frac{R_3}{R_3+R_4}\right)\times4.096$$

2. 信号放大电路

信号放大电路如图 3-37 所示，温度检测电路输出的差分信号 U_{ab} 通过 R5 和 R7 送入由 U1B 组成的差分放大器进行前级放大，本级放大的输出电压：

$$U_{TP3} = \left(\frac{R_7 + R_8}{R_7}\right)\left(\frac{R_6}{R_5 + R_6}\right) \times U_a - \left(\frac{R_8}{R_7}\right) \times U_b$$

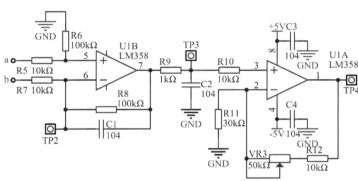

图 3-37 信号放大电路

第二级放大电路的输出信号：

$$U_{TP4} = \left(\frac{R_{11} + R_{12} + VR3}{R_{11}}\right) \times U_{TP3}$$

3. V/F 变换电路

V/F 变换电路主要由 U5 和少量外围器件组成。其作用是把经过放大的电压 U_{TP4} 转换为对应的频率值在 TP11 输出。V/F 变换电路如图 3-38 所示，输出频率 f_{TP11} 的计算公式为

$$f_{TP11} = \frac{(R_{25} + VR7) \times U_{TP4}}{2.09 \times R_{28} \times R_{24} \times C_{10}}$$

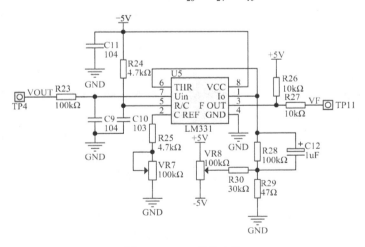

图 3-38 V/F 变换电路

4. 计数译码显示电路

V/F 转换器完成了 A/D 转换，接下来就需要计数器的配合了，即在规定时间内对 V/F 转换器的输出脉冲进行计数，计数值表示 V/F 转换器所输入的模拟电压大小。计数器选用 MC14553，它是 3 位十进制（BCD 码输出）计数器；译码器选用 CD4511，它设有锁存器、七段显示译码器和输出驱动电路；显示选用 3 只共阴七段 LED 数码管，通过 MC14553 输出的位选信号实现动态扫描显示。计数译码显示电路如图 3-39 所示。

5. 门控电路

采用 V/F 转换器进行 A/D 转换，就应该对 V/F 转换器输出的频率在固定时间内进行计数，这里我们设置的固定时间是 0.25s，即在 0.25s 内 MC14553 计数器收到的脉冲个数。这个脉冲个数将由 MC14553 来计数和显示，即数码管显示的数值为 LM331 输出信号频率 4 分频后的脉冲个数。为了配合 MC14553 计数，固定时间计时由 CD4060 组成的计时电路来完成，CD4060 是一个 14 位的二进制计数器/分配器/振荡器，电路振荡部分采用 32.768kHz 晶振作为信号发生器，经过 14 级分频后，得到一个占空比相等的脉冲信号，频率为 2Hz，周期为 0.5s，即高电平 0.25s，低电平 0.25s。MC14553 的 DIS 为计数允许控制端，高电平禁止计数，低电平允许计数；LE 为锁存控制端，高电平时寄存器内容保持不变，低电平时计数值送入寄存器；MR 为计数器复位端，高电平复位，仅对计数值进行复位，对寄存器值没有影响。根据这个控制逻辑，我们将门控信号直接送入 LE 端，然后经过倒相后送入 DIS 端，在 LE 端接入 RC 电路对计数器定时清零。当门控信号为高电平时，计数器允许计数；当门控信号变为低电平时，计数器禁止计数，同时 LE 端为低电平，计数值锁存到寄存器中；当门控信号再次由低电平转换为高电平时，门控信号上接入的 RC 电路对计数器进行清零。OVF 为计数溢出端，当计数器值超过最大计数值时，计数器溢出进位，LED5 闪烁。门控电路如图 3-40 所示。

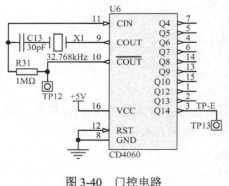
图 3-40 门控电路

6. 超温报警电路

超温报警电路由基准电压发生电路和电压比较器组成，如图 3-41 所示。基准电压发生电路由 CD4017 十进制计数器和其外围器件组成，计数器 RST 为复位端，高电平时对计数器进行复位，计数器的 Q3 与 RST 连接，当 Q3 输出为高电平时，计数器自动复位。由此可见，计数器只能在 Q0 与 Q2 间进行计数。超温报警电路设置了 3 个温控点，分别对应 3 个温度输出的电压值。Q0 输出为高电平时，D1、VR4、R21 组成串联分压电路，调节 VR4 使 R21 上的电压为第一个报警温度的电压值；Q1 输出高电平时，调节 VR5 使 R21 上的电压为第二个报警温度的电压值；Q2 为高电平时，调节 VR6 使 R21 上的电压为第三个报警温度的电压值。该电压通过由 U2A 组成的射极跟随器，送入由 U2B 组成的电压比较器，当 TP4 点的电压大于参考电压时，比较器输出高电平，启动声光报警电路。

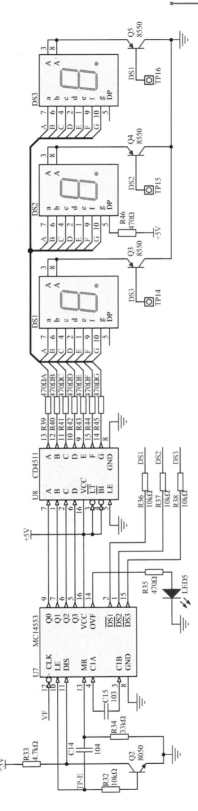

图3-39 计数译码显示电路

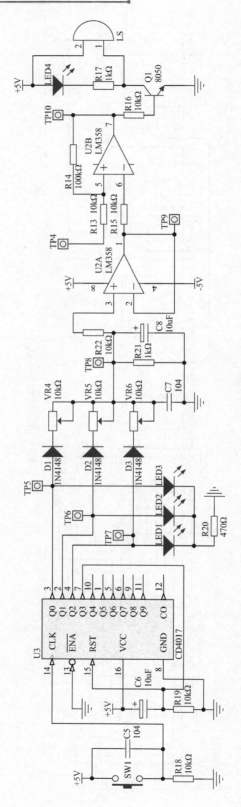

图3-41 超温报警电路

任务 2　数字温度警报器电路项目仿真分析与验证

【学习目标】

（1）能利用 Proteus 软件对数字温度警报器电路进行绘制和仿真。

（2）能分析和验证电路的工作流程和实现方法。

（3）能对各关键点的信号进行分析和检测。

（4）遇到电路故障时能够分析、判断和排除故障。

【工作内容】

（1）利用 Proteus 软件对各模块电路进行绘制、仿真。

（2）通过软件仿真完成对电路功能的验证。

（3）分析和测试各关键点信号。

（4）分析和排除故障。

子任务 1　温度检测电路仿真

1. 绘制电路图

在 Proteus 软件中完成图 3-42 所示温度检测电路的仿真电路，完成仿真分析相应的检测表。

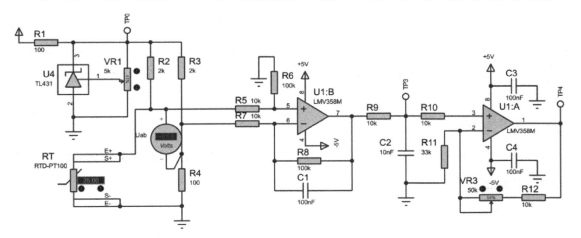

图 3-42　温度检测与信号放大电路仿真电路图

2. 仿真记录

1）0℃仿真

启动仿真，将热电阻 RT 温度调至 0℃，写出 U_{TP0} 的计算公式，调整 VR1 使 U_{TP0} 的值为 4.096V，计算此时的 VR1′（VR1′为 VR1 下部动点和静点之间的阻值），计算并测量电桥输出电压 U_{ab}，将结果填写在表 3-9 中。

表 3-9 0℃温度检测电路仿真记录表

	计算值	测量值
U_{TP0}		
VR1′		
U_{ab}		

2）100℃仿真

启动仿真，将热电阻 RT 温度调至 100℃，计算并测量电桥输出电压 U_{ab}，将结果填写在表 3-10 中。

表 3-10 100℃温度检测电路仿真记录表

	计算值	测量值
U_{ab}		

子任务2 信号放大电路仿真

1. 绘制电路图

在 Proteus 软件中完成图 3-42 所示信号放大电路的仿真电路，完成仿真分析相应的检测表。

2. 仿真记录

1）0℃仿真

启动仿真，计算并测量 U_{TP3} 和 U_{TP4}，将结果填写在表 3-11 中。

表 3-11 0℃信号放大电路仿真记录表

	计算值	测量值
U_{TP3}		
U_{TP4}		

2）100℃仿真

启动仿真，计算并测量 U_{TP3} 和 U_{TP4}，将结果记录在表 3-12 中。

表 3-12 100℃信号放大电路仿真记录表

	计算值	测量值
U_{TP3}		
U_{TP4}		

子任务 3 V/F 变换电路仿真

1. 绘制电路图

在 Proteus 软件中完成图 3-43 所示 V/F 变换电路的仿真电路，完成仿真分析相应的检测表。

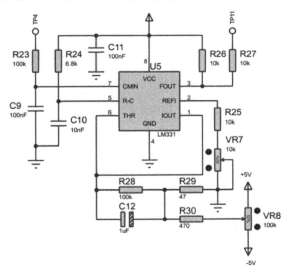

图 3-43 V/F 变换电路仿真电路图

2. 仿真记录

1）20℃仿真

启动仿真，将 RT 的温度设置为 20℃，计算 TP11 的输出频率 f_{TP11} 并通过示波器测量其电压波形，将结果记录在表 3-13 中。

表 3-13　20℃ V/F 变换电路仿真记录表

	f_{TP11} 计算值	U_{TP11} 波形
U_{TP11}		X Scale:　　　s/DIV　Y Scale:　　　V/DIV f_{TP11}:　　　　　Hz

2）100℃仿真

启动仿真，将 RT 的温度设置为 100℃，计算相应参数值，将结果记录在表 3-14 中。

表 3-14　100℃ V/F 变换电路仿真记录表

	f_{TP11} 计算值	U_{TP11} 波形
U_{TP11}		X Scale:　　　s/DIV　Y Scale:　　　V/DIV f_{TP11}:　　　　　Hz

子任务 4　门控电路仿真

1. 绘制电路图

在 Proteus 软件中完成图 3-44 所示门控电路的仿真电路，完成仿真分析相应的检测表。

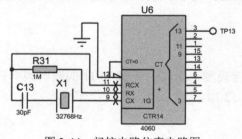

图 3-44　门控电路仿真电路图

2. 仿真记录

启动仿真，测量相应参数值，将结果记录在表 3-15 中。

表 3-15 门控电路仿真记录表

U_{TP12} 波形	U_{TP13} 波形
X Scale:_____ s/DIV Y Scale:_____ V/DIV f: _____ Hz	X Scale:_____ s/DIV Y Scale:_____ V/DIV f: _____ Hz

子任务 5 计数译码显示电路仿真

1. 绘制电路图

在 Proteus 软件中完成图 3-45 所示的仿真电路，完成仿真分析相应的检测表。

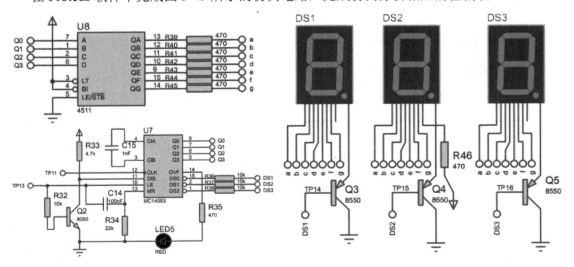

图 3-45 计数译码显示电路仿真电路图

2. 仿真记录

1）0℃仿真

启动仿真，将 RT 温度设置为 0℃，观察数码管的显示，调整 VR3 使 U_{TP4} 输出为 0.0V，调整 VR7 使数码管显示为"00.0"，测量并记录 TP11、TP14、TP15、TP16 的电压波形，将结果记录在表 3-16 中。

表 3-16　0℃计数译码显示电路仿真记录表

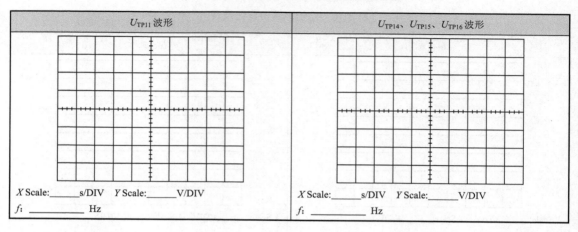

2）100℃仿真

观察数码管的显示，调整 VR3 使 U_{TP4} 输出为 1V，调整 VR7 使数码管显示为"99.9"，测量并记录 TP11 的频率，f_{TP11}=＿＿＿＿＿＿＿Hz。

子任务 6　超温报警电路仿真

1. 绘制电路图

在 Proteus 软件中完成图 3-46 所示的仿真电路，完成仿真分析相应的检测表。

2. 仿真记录

启动仿真，当 LED1 亮时调整 VR6，设置第一个报警温度电压值，测量 TP8 电压并记录在表 3-17 中；按一次 SW1 键切换到 LED2 亮，调整 VR5 设置第二个报警温度电压值，测量 TP8 电压并记录在表 3-17 中；再按一次 SW1 键切换到 LED3 亮，调整 VR4 设置第三个报警温度电压值，测量 TP8 电压并记录在表 3-17 中。通过按 SW1 键循环切换三个不同的报警值，相应的 LED 指示当前为哪个警报。测量每个警报发生时 TP9 和 TP4 的电压并记录在表 3-17 中。

表 3-17　超温报警电路仿真记录表

	$U_{TP8}(V)$	参考温度	发生警报		未发生警报	
			$U_{TP4}(V)$	$U_{TP9}(V)$	$U_{TP4}(V)$	$U_{TP9}(V)$
第一参考值						
第二参考值						
第三参考值						

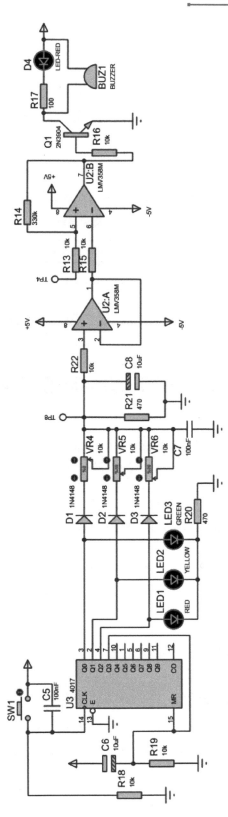

图 3-46　超温报警电路仿真电路图

子任务 7　综合仿真

1. 绘制电路图

在 Proteus 软件中完成图 3-47 所示的仿真电路，完成仿真分析相应的检测表。

2. 仿真记录

启动仿真，改变 RT 的温度，观察数码管的显示值，测试报警电路是否工作正常。测量并记录温度为 25℃、50℃、75℃、100℃时的关键点电压和波形，完成表 3-18。

表 3-18　综合仿真记录表

	U_{ab}(V)	U_{TP3}(V)	U_{TP4}(V)	f_{TP11}(Hz)	f_{TP13}(Hz)	显示值
25℃						
50℃						
75℃						
100℃						

任务 3　数字温度警报器电路元器件的识别与检测

【学习目标】

（1）能对电阻、电位器、电容、热电阻、按键、晶振进行识别和检测。

（2）能检测二极管、发光二极管、三极管的好坏与性能。

（3）能识别数码管的类型。

（4）能识别运算放大器的引脚及型号。

（5）能识别项目中所用到的数字芯片的引脚及型号。

【工作内容】

（1）通过色环或标志识别电阻、电位器、电容的参数，并用万用表进行检测。

（2）用万用表检测热电阻的好坏与性能。

（3）检测数码管的好坏。

（4）识别运算放大器的引脚及型号。

（5）识别数字芯片的引脚及型号。

（6）填写识别与检测表。

子任务 1　阻容元件的识别与检测

根据以前所学知识，对本项目所用到的电阻、电位器、热电阻、电容等元器件进行识别，借助测量工具对这些元器件进行测量并判断其好坏，完成表 3-19。

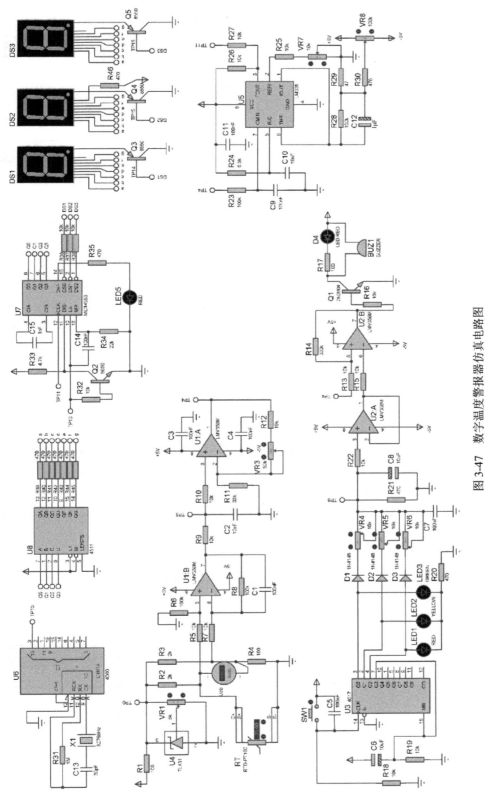

图 3-47　数字温度警报器仿真电路图

数字电子技术项目仿真与工程实践

表 3-19　阻容元件检测表

元件	电气符号	类型	封装	标示值	参数	测量值	好/坏	数量
电容								
电阻								
热电阻								
电位器								

子任务 2　晶体管类元件的识别与检测

根据以前所学知识，识别本项目所用的二极管、LED、三极管和数码管，用万用表测量其质量并判断其好坏，完成表 3-20。

表 3-20　晶体管类元件检测表

元件	电气符号	类型	封装	标示值	引脚分布	测量值	好/坏	数量
二极管								
三极管								
LED								
数码管								

126

子任务 3　芯片的识别

识别本项目中所用到的芯片，将识别结果记录在表 3-21 中。

表 3-21　芯片识别表

元件	封装	标示值	引脚定义	数量	元件	封装	标示值	引脚定义	数量
TL431					CD4060				
LM358					MC14553				
CD4017					CD4511				
LM331									

任务 4　数字温度警报器模块电路的装配与调试

【学习目标】
（1）能够按工艺要求装配数字温度警报器模块电路。
（2）能够调试数字温度警报器模块电路，使其正常工作。
（3）能够写出制作与调试报告。

【工作内容】
（1）装配数字温度警报器模块电路。
（2）调试数字温度警报器模块电路。
（3）撰写制作与调试报告。

实施前准备以下物品。
（1）常用电子装配工具。
（2）万用表、双路输出直流稳压源。
（3）配套元器件与 PCB 板，元器件清单见表 3-22。

表 3-22　数字温度警报器模块元器件清单

标号	参数	封装	数量	标号	参数	封装	数量
C1，C2，C3，C4，C5，C7，C9，C11，C14	104	rad0.1	9	LED1，LED2，LED3，LED4	φ3mm	LED	4
C6，C8	10μF	RB.1/.2-4	2	LED5	φ5mm	LED5	1
C10，C15	103	RAD0.1	2	LS	Bell	BUZZER	1
C12	1μF	RB.1/.2-4	1	P1，P2	CON2	3.96V	2
C13	30pF	rad0.1	1	Q1，Q2	8050	TO92A-4	2
R1，R4	100Ω	AXIAL0.3	2	Q3，Q4，Q5	8550	to92a-4	3
R2，R3	2kΩ	AXIAL0.3	2	SW1	SW-PB	KEY66	1

标号	参数	封装	数量	标号	参数	封装	数量
R5，R7，R10，R12，R13，R15，R16，R18，R19，R22，R25，R26，R27，R32，R36，R37，R38	10kΩ	AXIAL0.3	17	U1，U2	LM358	DIP-8	2
R6，R8，R14，R23，R28	100kΩ	AXIAL0.3	5	U3	CD4017	DIP-16	1
R9	1kΩ	AXIAL0.3	1	U4	TL431	TO92A-4	1
R11，R30，R34	33kΩ	AXIAL0.3	3	U5	LM331	DIP8	1
R17，R20，R21，R35，R39，R40，R41，R42，R43，R44，R45，R46	470Ω	AXIAL0.3	12	U6	CD4060	DIP-16	1
R24，R33	4.7kΩ	AXIAL0.3	2	U7	MC14553	DIP-16	1
R29	47Ω	AXIAL0.3	1	U8	CD4511	DIP-16	1
R31	1MΩ	AXIAL0.3	1	VR1，VR2	1kΩ	vr55	2
RT	PT100	SIP2	1	VR3	50kΩ	vr55	1
D1，D2，D3	1N4148	DIODE0.3	3	VR4，VR5，VR6，VR7	10kΩ	vr55	4
DS1，DS2，DS3	Red-CC	7SEG0.5	3	VR8	100kΩ	vr55	1
J1，J2	CON2	SIP2	2	X1	32768Hz	RAD0.1	1

子任务 1　电路元器件的装配与布局

1．元器件的布局

数字温度警报器模块元器件的布局如图 3-48 所示。

2．元器件的装配工艺要求

（1）电阻采用水平安装方式，电阻体紧贴 PCB 板，色环电阻的色环标志顺序一致（水平方向左边为第一环，垂直方向上边为第一环）。

（2）电位器应插到底，不能倾斜，三只脚均须焊接。

（3）二极管应水平安装，底面应紧贴 PCB 板，注意极性不能装反，黑色线段与封装的白色线对齐。

（4）电容采用垂直安装方式，底面应紧贴 PCB 板，安装电解电容时要注意正负极性。

（5）为了后期的维修与更换方便，集成电路应安装底座，注意方向，缺口要和封装上的缺口一致。

（6）安装数码管时应注意方向，小数点在下方。

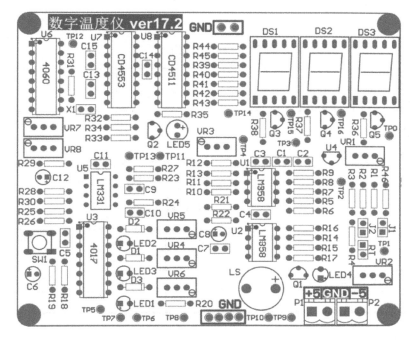

图 3-48 数字温度警报器模块元器件的布局图

（7）芯片 TL431 和三极管的底面应距离 PCB 板 5mm 左右。

（8）接线端子与电源端子底面应紧贴 PCB 板安装。

（9）发光二极管底面应紧贴 PCB 板安装，注意极性不能装反。

3. 操作步骤

（1）按工艺要求安装色环电阻。

（2）按工艺要求安装二极管。

（3）按工艺要求安装集成电路底座、晶振、按键和瓷片电容。

（4）按工艺要求安装接线端子与电源端子。

（5）按工艺要求安装发光二极管、三极管、蜂鸣器和电位器。

（6）按工艺要求安装电解电容。

（7）按工艺要求安装数码管。

子任务 2　制作数字温度警报器电路

按要求制作数字温度警报器电路，并撰写制作报告。

制作时要对安装好的元器件进行手工焊接，并检查焊点质量。

子任务 3　调试数字温度警报器电路

1. 断电检测

用万用表的短路挡分别检测+5V、−5V 电源和 GND 之间是否短路，将检测值记录到

表 3-23 中。

表 3-23　断电检测记录表

检测内容	+5V 与 GND	−5V 与 GND
检测值		

2. 供电电压检测

在 P1 端子上接入+5V 电源、P2 端子上接入−5V 电源，注意极性不能接反。电源接通后用万用表直流电压挡对系统和芯片所需要的供电电压进行测量并记录在表 3-24 中。

表 3-24　供电电压检测记录表

测量内容	+5V 电源	−5V 电源	$U_{1\text{-}4}$(LM358)	$U_{1\text{-}8}$(LM358)	$U_{2\text{-}4}$(LM358)	$U_{2\text{-}8}$(LM358)
测量值（V）						
测量内容	$U_{3\text{-}16}$(CD4017)	$U_{4\text{-}K}$(TL431)	$U_{5\text{-}8}$(LM331)	$U_{6\text{-}16}$(CD4060)	$U_{7\text{-}16}$(MC14553)	$U_{8\text{-}16}$(CD4511)
测量值（V）						

3. 温度检测电路调试

1）模拟 0℃调试

接通电源前将 J1 用短路帽短接，用万用表测量 J1 与 GND（VR2 接入电路部分阻值）之间的电阻，调整 VR2 使测量值为 100Ω（模拟 PT100 在 0℃时的阻值）。写出 U_{TP0} 的计算公式，调整 VR1 使 U_{TP0} 的值为 4.096V，计算此时的 VR1′（VR1′为 VR1 下部动点和静点之间的阻值），计算并测量电桥输出电压 U_{ab}，将结果填写在表 3-25 中。

表 3-25　模拟 0℃温度检测电路调试记录表

	计算值	测量值
U_{TP0}		
VR1′		
U_{ab}		

2）模拟 100℃调试

接通电源前将 J1 用短路帽短接，用万用表测量 J1 与 GND（VR2 接入电路部分阻值）之间的电阻，调整 VR2 使测量值为 138.51Ω（模拟 PT100 在 100℃时的阻值）。计算并测量电桥输出电压 U_{ab}，将结果填写在表 3-26 中。

表 3-26　模拟 100℃温度检测电路调试记录表

	计算值	测量值
U_{ab}		

4.　信号放大电路调试

1）模拟 0℃调试

接前述温度检测电路 0℃调试步骤，计算并测量 U_{TP3} 和 U_{TP4}，将结果填写在表 3-27 中。

表 3-27　模拟 0℃信号放大电路调试记录表

	计算值	测量值
U_{TP3}		
U_{TP4}		

2）模拟 100℃调试

接前述温度检测电路 100℃调试步骤，计算并测量 U_{TP3} 和 U_{TP4}，将结果记录在表 3-28 中。

表 3-28　模拟 100℃信号放大电路调试记录表

	计算值	测量值
U_{TP3}		
U_{TP4}		

5. V/F 变换电路调试

1）模拟 0℃ 调试

接前述信号放大、电路 0℃ 调试步骤，计算 TP11 的输出频率 f_{TP11} 并通过示波器测量其电压波形，将结果记录在表 3-29 中。

表 3-29　模拟 0℃ V/F 变换电路调试记录表

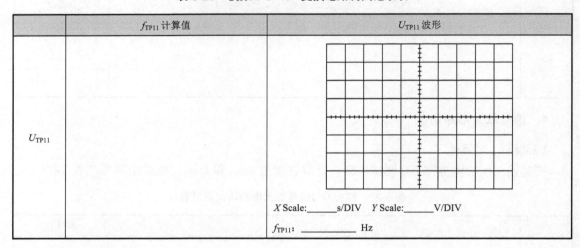

2）模拟 100℃ 调试

接前述信号放大电路 100℃ 调试步骤，计算并测量相关参数值，将结果记录在表 3-30 中。

表 3-30　模拟 100℃ V/F 变换电路调试记录表

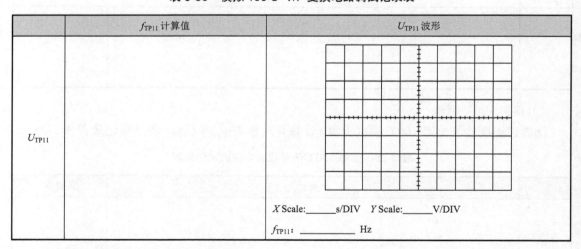

6. 门控电路调试

测量并记录 TP12 和 TP13 的电压波形，将结果记录在表 3-31 中。

表 3-31 门控电路调试记录表

U_{TP12} 波形	U_{TP13} 波形
X Scale:_____s/DIV Y Scale:_____V/DIV	X Scale:_____s/DIV Y Scale:_____V/DIV
f: _____ Hz	f: _____ Hz

7. 计数译码显示电路调试

1）模拟 0℃调试

接前述 V/F 变换电路 0℃调试步骤，观察数码管的显示，调整 VR3 使 U_{TP4} 输出为 0.0V，调整 VR7 使数码管显示为 "00.0"，测量并记录 TP11、TP14、TP15、TP16 的电压波形，将结果记录在表 3-32 中。

表 3-32 模拟 0℃计数译码显示电路调试记录表

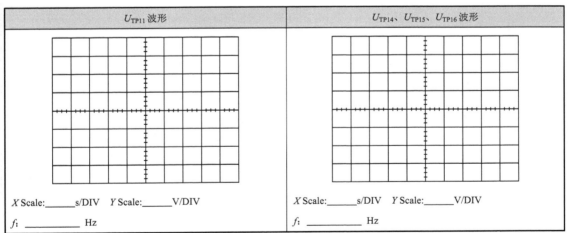

U_{TP11} 波形	U_{TP14}、U_{TP15}、U_{TP16} 波形
X Scale:_____s/DIV Y Scale:_____V/DIV	X Scale:_____s/DIV Y Scale:_____V/DIV
f: _____ Hz	f: _____ Hz

2）模拟 100℃调试

观察数码管的显示，调整 VR3 使 U_{TP4} 输出为 1V，调整 VR7 使数码管显示为 "99.9"，测量并记录 TP11 的频率，f_{TP11}=_____Hz。

8. 超温报警电路调试

当 LED1 亮时调整 VR6，设置第一个报警温度电压值，测量 TP8 电压并记录在表 3-33 中；

按一次 SW1 键切换到 LED2 亮，调整 VR5 设置第二个报警温度电压值，测量 TP8 电压并记录在表 3-33 中；再按一次 SW1 键切换到 LED3 亮，调整 VR4 设置第三个报警温度电压值，测量 TP8 电压并记录在表 3-33 中。通过按 SW1 键循环切换三个不同的报警值，相应的 LED 指示当前为哪个警报。测量每个警报发生时 TP9 和 TP4 的电压并记录在表 3-33 中。

表 3-33　超温报警电路调试记录表

	U_{TP8}(V)	参考温度	发生警报		未发生警报	
			U_{TP4}(V)	U_{TP9}(V)	U_{TP4}(V)	U_{TP9}(V)
第一参考值						
第二参考值						
第三参考值						

9. 综合调试

将 J1 的短路帽移除，将 J2 用短路帽短接，改变 PT100 的温度，观察数码管的显示值并与实际温度做比较，通过加热 PT100 测试超温报警电路是否工作正常。在下面的方框中画出测试流程框图。测量并记录温度为 25℃、50℃、75℃、100℃时的关键点电压和波形，完成表 3-34。

表 3-34　综合调试记录表

	U_{ab}(V)	U_{TP3}(V)	U_{TP4}(V)	f_{TP11}(Hz)	f_{TP13}(Hz)	显示值
25℃						
50℃						
75℃						
100℃						

任务5　项目汇报与评价

【学习目标】

（1）能汇报项目的制作与调试过程。

（2）能对别人的作品与制作过程做出客观的评价。

（3）能够撰写制作与调试报告。

【工作内容】

（1）对自己完成的项目进行汇报。

（2）客观评价别人的作品与制作过程。

（3）撰写技术文档。

子任务1　汇报制作与调试过程

1．汇报内容

（1）演示制作的项目作品。

（2）讲解项目电路的组成及工作原理。

（3）讲解项目方案制定及选择的依据。

（4）与大家分享制作、调试中遇到的问题及解决方法。

2．汇报要求

（1）边演示作品边讲解主要性能指标。

（2）讲解时要制作 PPT。

（3）要重点讲解制作、调试中遇到的问题及解决方法。

子任务2　对其他人的作品进行客观评价

1．评价内容

（1）演示的结果。

（2）性能指标。

（3）是否文明操作、遵守实训室管理规定。

（4）项目制作与调试过程中是否有独到的方法或见解。

（5）是否能与其他人团结协作。

具体评价标准参考表 3-35。

表 3-35　项目评价表

评价要素	评价标准	评价依据	评价方式（各部分所占比重）			权重
			个人	小组	教师	
职业素养	（1）文明操作，遵守实训室管理规定 （2）能与其他人团结协作 （3）自主学习，按时完成工作任务 （4）工作积极主动，勤学好问 （5）遵守纪律，服从管理	（1）工具的摆放是否规范 （2）仪器、仪表的使用是否规范 （3）工作台的整理情况 （4）项目任务书的填写是否规范 （5）平时的表现 （6）制作的作品	0.3	0.3	0.4	0.3
专业能力	（1）掌握规范的作业流程 （2）熟悉模块电路的组成及工作原理 （3）能独立完成电路的制作与调试 （4）能够选择合适的仪器、仪表进行调试 （5）能对制作与调试工作进行评价与总结	（1）操作规范 （2）专业理论知识：课后题、项目技术总结报告及答辩 （3）专业技能：完成的作品、完成的制作与调试报告	0.2	0.2	0.6	0.6
创新能力	（1）在项目分析中提出自己的见解 （2）对项目教学提出建议或意见 （3）独立完成检修方案，并且设计合理	（1）提出创新性见解 （2）提出的意见和建议被认可 （3）好的方法被采用 （4）在设计报告中有独特见解	0.2	0.2	0.6	0.1

2. 评价要求

（1）评价要客观公正。

（2）评价要全面细致。

（3）评价要认真负责。

子任务 3　撰写技术文档

1. 技术文档的内容

（1）项目方案的制定与元器件的选择。

（2）项目电路的组成及工作原理。

① 分析电路的组成及工作原理。

② 元器件清单与布局图。

（3）元器件的识别与检测。

（4）项目收获。

（5）项目制作与调试过程中所遇到的问题。

（6）所用到的仪器与仪表

2. 要求

（1）内容全面、翔实。

（2）填写相应的元器件检测表。

（3）填写相应的调试表。

【知识链接】

组合电路和时序电路是数字电路中的两大类。门电路是组合电路的基本单元，触发器是时序电路的基本单元。

数字电路的信号只有两种状态：逻辑低或逻辑高，即通常所说的 0 状态或 1 状态、0 电平或 1 电平。在各种复杂的数字电路中不但要对二值（0,1）信号进行算术运算和逻辑运算（门电路），还经常需要将这些信号和运算结果保存起来。为此，需要使用具有记忆功能的基本逻辑单元。能够存储1位二值信号的基本单元电路统称触发器（Flip-flop）。

为了实现记忆 1 位二值信号的功能，触发器必须具备以下特点：

（1）具有两个能自行保持的稳定状态，用来表示逻辑状态的 0 和 1，或二进制数的 0 和 1。

（2）在触发信号的作用下，根据不同的输入信号可以置成 1 或 0 状态。

（3）当输入信号消失后，能保持其状态不变（具有记忆功能）。

触发器按电路结构分为基本、同步、主从、边沿触发器，按触发方式分为电平、脉冲和边沿触发器，按逻辑功能分为 RS、JK、D 和 T 触发器。

3.1 触发器

3.1.1 基本 RS 触发器

触发器有两个稳定的状态，可用来表示数字 0 和 1。按结构的不同可分为没有时钟控制的基本触发器和有时钟控制的门控触发器。

基本 RS 触发器是门控触发器的基本组成部分，分为与非门组成和或非门组成两种。

1. 电路结构与符号

由与非门组成的基本 RS 触发器的结构和符号如图 3-49 所示。图中 $\overline{S}$ 为置 1 输入端，$\overline{R}$ 为置 0 输入端，都是低电平有效；Q、$\overline{Q}$ 为输出端，一般以 Q 的状态作为触发器的状态。

2. 工作原理与逻辑功能

（1）当 $\overline{R}$ =0，$\overline{S}$ =1 时，因 $\overline{R}$ =0，G_2 门的输出端 $\overline{Q}$ =1，G_1 门的两输入为 1，因此 G_1 门的输出端 Q=0。

（2）当 $\overline{R}$ =1，$\overline{S}$ =0 时，因 $\overline{S}$ =0，G_1 门的输出端 Q=1，G_2 门的两输入为 1，因此 G_2 门的输出端 $\overline{Q}$ = 0。

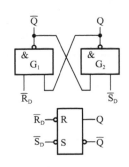

图 3-49 与非门基本 RS 触发器的结构与符号

（3）当 $\overline{R}$ =1， $\overline{S}$ =1 时，G_1 门和 G_2 门的输出端被它们原来的状态锁定，故输出不变。

（4）当 $\overline{R}$ =0， $\overline{S}$ =0 时，则有 $Q = \overline{Q}$ =1。若输入信号 $\overline{S}$ =0、 $\overline{R}$ =0 之后出现 $\overline{S}$ =1、 $\overline{R}$ =1，则输出状态不确定。因此， $\overline{S}$ =0、 $\overline{R}$ =0 的情况不能出现，为使这种情况不出现，特给该触发器加一个约束条件 $\overline{S}\,\overline{R}$ =1。

由以上分析可得到表 3-36 所示的逻辑功能表。这里 Q^n 表示输入信号到来之前 Q 的状态，一般称为现态。用 Q^{n+1} 表示输入信号到来之后 Q 的状态，一般称为次态。

表 3-36　与非门基本 RS 触发器的逻辑功能表

$\overline{R}_D$	$\overline{S}_D$	Q^{n+1}	
0	1	0	置 0
1	0	1	置 1
1	1	Q^n	保持
0	0	不定	不定

3. 时序图

时序图也称波形图，用时序图也可以很好地描述触发器的状态。时序图分为理想时序图和实际时序图，理想时序图是不考虑门电路延迟的时序图，而实际时序图考虑门电路的延迟时间。由与非门组成的基本 RS 触发器的理想时序图如图 3-50 所示。

由或非门组成的基本 RS 触发器的结构和符号如图 3-51 所示，逻辑功能表见表 3-37，工作时序图如图 3-52 所示。

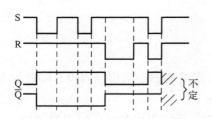

图 3-50　与非门基本 RS 触发器的时序图

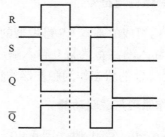

图 3-51　或非门基本 RS 触发器的结构与符号

表 3-37　或非门基本 RS 触发器的逻辑功能表

R_D	S_D	Q^{n+1}	
1	0	0	置 0
0	1	1	置 1
0	0	Q^n	保持
1	1	不定	不定

图 3-52　或非门基本 RS 触发器的时序图

4. 基本 RS 触发器的应用

在机械开关接通或断开的瞬间，触点由于机械弹性振颤，会出现如图 3-53 所示的抖动现象，即电路在短时间内多次接通和断开，使 v_o 的逻辑电平多次在 0 和 1 之间跳变，导致错误的逻辑输入。机械开关触点振颤的延续时间因开关结构、几何形状和尺寸以及材料的不同而不同，从数毫秒到上百毫秒不等。在设计数字系统时，通常需要采用硬件方法或软件方法来克服其不良影响。

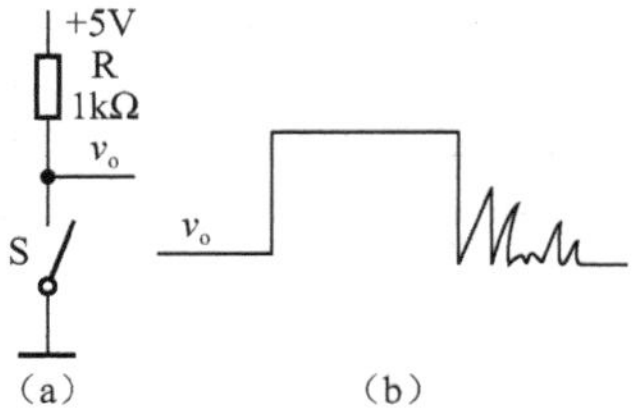

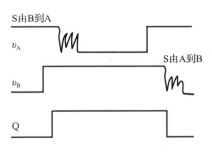

图 3-53 机械开关的抖动

如图 3-54 所示是解决机械开关抖动现象的一种硬件方法，它利用基本 RS 锁存器的记忆功能消除开关触点振动所产生的影响，称为去抖动电路。设单刀双掷开关 S 原来与 B 点接通，这时锁存器的状态为 0。在开关 S 由 B 拨向 A 的过渡阶段，触点脱离 B 点瞬间的抖动，并不影响 Q 端的 0 态。在触点悬空的瞬间，$\overline{S}$ 和 $\overline{R}$ 均为 1，Q 端仍维持 0 态。当触点第一次触碰 A 点时，便使 $\overline{S}$ =0，此时开关已彻底脱离了 B 点，使 $\overline{R}$ =1，Q 端状态立即翻转为 1。此后，即使触点抖动使 S 再次出现高、低电平的跳变，也不会改变 Q 端的状态。由于电路是对称的，开关由 A 拨向 B 与由 B 拨向 A 的情况类似。于是可得到 Q 端的波形，如图 3-55 所示。

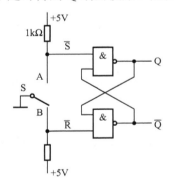

图 3-54 硬件去抖动电路

图 3-55 Q 端的波形

5. 基本 RS 触发器存在的问题

由与非门组成的基本 RS 触发器可以实现记忆元件的功能，但是当 RS 端从 "00" 变化到 "11" 时，触发器的下一个状态不能确定，在使用中要加以约束，给使用带来不便。由或非门组成的基本 RS 触发器同样存在这一问题。因此，要对触发器的输入加以控制，实际应用的触发器是电平型或脉冲型触发器，电路的抗干扰能力差。

3.1.2 同步触发器

在数字系统中，为了协调一致地工作，常常要求触发器有一个控制端，在此控制信号的作用下，各触发器的输出状态有序地变化。具有该控制信号的触发器称为同步触发器。同步触发器按触发方式可分为电平触发器、主从触发器和边沿触发器三类，按逻辑功能可分为 RS 触发器、D 触发器、JK 触发器、T 触发器四种类型。这里重点介绍同步 RS 触发器。

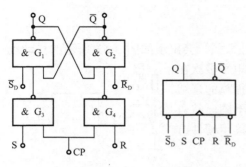

图 3-56　同步 RS 触发器的结构和符号

1. 电路结构与符号

同步 RS 触发器的结构和符号如图 3-56 所示。图中 CP 为控制信号，也称时钟信号。

当同步信号 CP 为 1 时，RS 信号可以通过 G_3 和 G_4 门，这时的同步触发器就是与非门结构的 RS 触发器。当同步信号为 0 时，RS 信号被封锁。

2. 真值表

由图 3-56 可见，CP=1 时 S、R 的作用正好与基本 SR 触发器中的 $\overline{S}$、$\overline{R}$ 的作用相反，由此可得到同步 SR 触发器的真值表，见表 3-38。

表 3-38　同步 RS 触发器的真值表

R	S	Q^{n+1}	
0	1	1	置1
1	0	0	置0
0	0	Q^n	保持
1	1	不定	不定

注意，对于同步 RS 触发器，输入端 S、R 不可同时为 1，或者说 SR=0 为它的约束条件。

3. 逻辑功能表

根据以上分析可见，触发器的次态 Q^{n+1} 不仅与触发器的输入 S、R 有关，也与触发器的现态 Q^n 有关。由同步 RS 触发器的真值表可得到其逻辑功能表，见表 3-39。其状态转换图如图 3-57 所示，波形图如图 3-58 所示。

表 3-39　同步 RS 触发器的逻辑功能表

S	R	Q^n	Q^{n+1}	说明
0	0	0	$0\big\}Q^n$	状态不变
0	0	1	1	
0	1	0	$0\big\}0$	状态同 S
0	1	1	0	
1	0	0	$1\big\}1$	状态同 S
1	0	1	1	
1	1	0	—	状态不定
1	1	1	—	

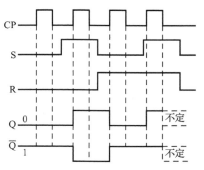

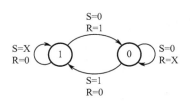

图 3-57 同步 RS 触发器的状态转换图

图 3-58 同步 RS 触发器的波形图

4. 特性方程

触发器的次态 Q^{n+1} 与现态 Q^n 以及输入 S、R 之间的关系式称为特性方程。由逻辑功能表可得同步 RS 触发器的特性方程为

$$\begin{cases} Q^{n+1} = S + \overline{R}Q^n \\ RS = 0 \text{（约束条件）} \end{cases}$$

5. 同步 RS 触发器存在的问题

在 CP 的高电平期间，如 R、S 变化多次，则触发器的状态也会变化多次，即在一个时钟脉冲期间将会出现触发器翻转一次以上的情况，这种情况称为空翻，如图 3-59 所示。触发器不能实现每来一个时钟脉冲只变化一次，若要实现每来一个时钟脉冲只变化一次，则要求信号的最小周期大于时钟周期。

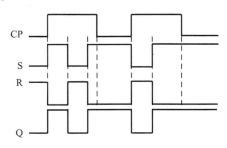

图 3-59 同步 RS 触发器的空翻现象

3.1.3 主从触发器

主从触发器由两个同步触发器组成，接收输入信号的同步触发器称为主触发器，提供输出信号的触发器称为从触发器。下面介绍主从 RS 触发器、主从 D 触发器和主从 JK 触发器。

1. 主从 RS 触发器

1）电路结构与工作原理

主从 RS 触发器的电路结构与逻辑符号如图 3-60 所示。主从 RS 触发器由两级与非结构的同步 RS 触发器串联组成，各级的同步端由互补时钟信号控制。

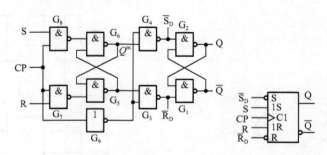

图 3-60　主从 RS 触发器的电路结构与逻辑符号

当时钟信号 CP=1 时，主触发器控制门信号为高电平，R、S 信号被锁存到 Q^m 端，从触发器由于同步信号为低电平而被封锁。

当时钟信号 CP=0 时，主触发器控制门信号为低电平而被封锁，从触发器的同步信号为高电平，所以从触发器接收主触发器的输出信号。

由此可知其动作特征为在 CP 的高电平期间存储信号，在 CP 的低电平到来时触发器状态变化。其功能与同步 RS 触发器的功能一样，但是克服了空翻现象。

2）特性方程

由以上分析可见，主从 RS 触发器的输出 Q 与输入 R、S 之间的逻辑关系与可控 RS 触发器相同，只是 R、S 对 Q 的触发分两步进行，时钟信号 CP=1 时，主触发器接收 R、S 送来的信号；时钟信号 CP=0 时，从触发器接收主触发器的输出信号。故主从触发器的特性方程为

$$Q^{n+1} = S + \overline{R}Q^n$$

约束条件为

$$SR=0$$

其工作波形图如图 3-61 所示，$\overline{S}_D$ 为直接置 1 端，$\overline{R}_D$ 为直接清零端，不受时钟的约束，又称异步置数或清零置位端，低电平有效，正常工作时应接高电平。

2. 主从 JK 触发器

1）结构与符号

由主从 RS 触发器加二反馈线组成的主从 JK 触发器的结构与符号如图 3-62 所示。

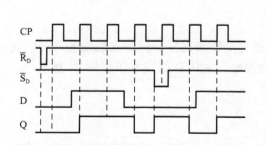

图 3-61　主从 RS 触发器的工作波形图

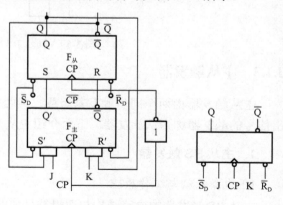

图 3-62　主从 JK 触发器的结构与符号

2）工作原理

在 CP 上升沿，$F_{从}$封锁，状态保持不变；$F_{主}$打开，$F_{主}$的状态由 J、K 决定，接收信号并暂存。在 CP 下降沿，$F_{从}$打开，从触发器的状态取决于主触发器，并保持主、从状态一致，因此称之为主从触发器；$F_{主}$封锁，状态保持不变。其逻辑功能如下。

（1）J=1，K=1，设触发器原态为"0"态，在 CP 上升沿，Q'=S=1，$\overline{Q}'$=R=0；在 CP 下降沿，Q 翻转为"1"态。设触发器原态为"1"态，在 CP 上升沿，Q'=S=0，$\overline{Q}'$=R=1；在 CP 下降沿，Q 翻转为"0"态。

（2）J=0，K=0，设触发器原态为"0"态，在 CP 上升沿，Q'=S=0，$\overline{Q}'$=R=1；在 CP 下降沿，Q 为"0"态。设触发器原态为"1"态，在 CP 上升沿，Q'=S=1，$\overline{Q}'$=R=0；在 CP 下降沿，Q 为"1"态。

（3）J=1，K=0，设触发器原态为"0"态，在 CP 上升沿，Q'=S=1，$\overline{Q}'$=R=0；CP 下降沿，Q 为"1"态。设触发器原态为"1"态，在 CP 上升沿，Q'=S=1，$\overline{Q}'$=R=0；在 CP 下降沿，Q 为"1"态。

（4）J=0，K=1，设触发器原态为"0"态，在 CP 上升沿，Q'=S=0，$\overline{Q}'$=R=1；在 CP 下降沿，Q 为"0"态。设触发器原态为"1"态，在 CP 上升沿，Q'=S=0，$\overline{Q}'$=R=1；在 CP 下降沿，Q 为"0"态。

主从 JK 触发器的状态表见表 3-40。

表 3-40 主从 JK 触发器的状态表

CP	J	K	Q^{n+1}	说明
⌐⌐	0	0	Q^n	保持
⌐⌐	0	1	0	置0
⌐⌐	1	0	1	置1
⌐⌐	1	1	$\overline{Q}^n$	翻转

3）特性方程

将 $S=J\overline{Q}^n$、$K=RQ^n$ 代入主从 RS 触发器的特性方程后，得到主从 JK 触发器的特性方程：

$$Q^{n+1} = J\overline{Q}^n + \overline{K}Q^n$$

主从 JK 触发器的逻辑功能表见表 3-41，其状态转换图和工作波形图如图 3-63 和图 3-64 所示。

表 3-41 主从 JK 触发器的逻辑功能表

J	K	Q^n	Q^{n+1}	说明
0	0	0	$\left.\begin{matrix}0\\1\end{matrix}\right\}Q^n$	状态不变
0	0	1		

续表

J	K	Q^n	Q^{n+1}	说明
0 0	1 1	0 1	$\left.\begin{matrix}0\\0\end{matrix}\right\}0$	置0
1 1	0 0	0 1	$\left.\begin{matrix}1\\1\end{matrix}\right\}1$	置1
1 1	1 1	0 1	$\left.\begin{matrix}1\\0\end{matrix}\right\}\bar{Q}^n$	翻转

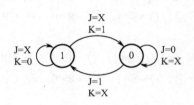

图 3-63 主从 JK 触发器的状态转换图   图 3-64 主从 JK 触发器的工作波形图

4）特点

根据上面电路结构和工作原理的分析，主从 JK 触发器有以下特点。

（1）不存在状态不定的情况。

（2）主从结构，动作分两步（同主从 RS 触发器），脉冲触发。

（3）要求 CP=1 期间，J、K 无变化；若 J、K 有变化，要根据 J、K 变化情况具体分析后沿到来前一时刻主触发器的状态。

（4）$\bar{R}_D$、$\bar{S}_D$ 分别为复位和置位端，优先于 CP、J、K。

（5）存在"一次性变化"现象。因为主触发器是电平触发，所以 JK 触发器存在一次性变化问题，即 Q=0 时 J 的正跳变或 Q=1 时 K 的正跳变，这将导致 JK 触发器抗干扰能力下降。为了提高其抗干扰能力，可引入边沿触发器。"一次性变化"波形图如图 3-65 所示。

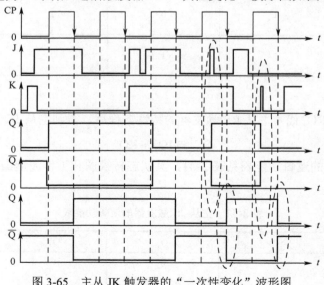

图 3-65 主从 JK 触发器的"一次性变化"波形图

3. 主从 D 触发器

1）结构与符号

由传输门组成的 CMOS 主从 D 触发器的结构和符号如图 3-66 所示。

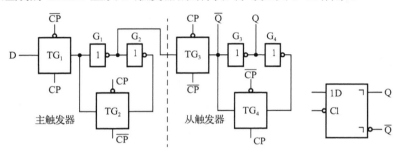

图 3-66 主从 D 触发器的结构与符号

2）工作原理

在 CP 下降沿，TG_1 截止，TG_2 导通，主触发器维持原态不变；TG_3 导通，TG_4 截止，主触发器的状态送入从触发器使 Q 状态变化。其逻辑功能表见表 3-42。

表 3-42 主从 D 触发器的逻辑功能表

D	Q^n	Q^{n+1}
0	0	0
0	1	0
1	0	1
1	1	1

3）特性方程

主从 D 触发器的特性方程为 $Q^{n+1}=D$，其状态转换图如图 3-67 所示，工作波形如图 3-68 所示。

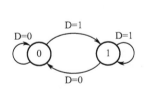

图 3-67 主从 D 触发器的状态转换图

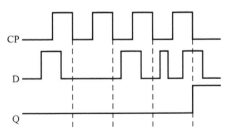

图 3-68 主从 D 触发器的工作波形图

3.1.4 边沿触发器

主从触发器需要时钟的上升沿和下降沿才能正常工作，下面介绍只需要一个时钟上升沿（或下降沿）就能工作的触发器，即边沿触发器。

1. 维持阻塞 D 触发器

1）电路结构与符号

维持阻塞 D 触发器的电路结构和逻辑符号如图 3-69 所示。图中 G_1 和 G_2 组成基本 RS 触发器，G_3 和 G_4 组成同步电路，G_5 和 G_6 组成数据输入电路。

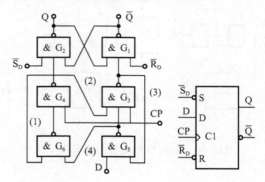

图 3-69 维持阻塞 D 触发器的电路结构与逻辑符号

2）工作原理和特性方程

在 CP=0 时，G_3 和 G_4 两个门被关闭，它们的输出 $G_{3OUT}=1$，$G_{4OUT}=1$，所以 D 无论怎样变化，D 触发器保持输出状态不变。但数据输入电路的 $G_{5OUT}=\overline{D}$，$G_{6OUT}=D$。在 CP 上升沿，G_3 和 G_4 两个门被打开，它们的输出只与 CP 上升沿瞬间 D 的信号有关。

当 D=0 时，使 $G_{5OUT}=1$，$G_{6OUT}=0$，$G_{3OUT}=0$，$G_{4OUT}=1$，从而 Q=0。

当 D=1 时，使 $G_{5OUT}=0$，$G_{6OUT}=1$，$G_{3OUT}=1$，$G_{4OUT}=0$，从而 Q=1。

在 CP=1 期间，若 Q=0，由于（3）线（又称置 0 维持线）的作用，仍使 $G_{3OUT}=0$，由于（4）线（又称置 1 阻塞线）的作用，仍使 $G_{5OUT}=1$，从而使触发器维持不变。

在 CP=1 期间，若 Q=1，由于（1）线（又称置 1 维持线）的作用，仍使 $G_{4OUT}=0$，由于（2）线（又称置 0 阻塞线）的作用，仍使 $G_{3OUT}=1$，从而使触发器维持不变。

维持阻塞 D 触发器的特性方程与主从 D 触发器相同，其工作波形如图 3-70 所示。

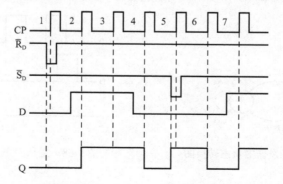

图 3-70 维持阻塞 D 触发器的工作波形图

2. 利用传输延迟时间的 JK 边沿触发器

利用传输延迟时间的 JK 边沿触发器的电路与逻辑符号如图 3-71 所示。由图可以看出，G_1、G_3、G_4 和 G_2、G_5、G_6 组成 RS 触发器，与非门 G_7 和 G_8 组成输入控制门，而且 G_7 和 G_8 门的延迟时间比 RS 触发器长。

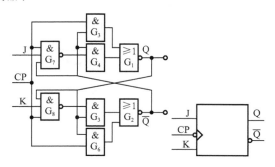

图 3-71　JK 边沿触发器的电路与逻辑符号

1）触发器置 1 过程

设触发器初始状态为 $Q = 0$，$\overline{Q} = 1$，J=1，K=0。

当 CP=0 时，$G_{3OUT}=0$、$G_{6OUT}=0$、$G_{7OUT}=1$ 和 $G_{8OUT}=1$，$G_{4OUT}=1$ 和 $G_{5OUT}=0$，RS 触发器输出保持不变。

当 CP=1 时，G_3 与 G_6 解除封锁，接替 G_4 与 G_5 的工作，保持 RS 触发器输出不变，经过一段时间延迟后，$G_{7OUT} = \overline{J \cdot \overline{Q} \cdot CP} = 0$ 和 $G_{8OUT} = \overline{K \cdot Q \cdot CP} = 1$。

当 CP 下降沿到来时，首先有 $G_{3OUT} = CP \cdot \overline{Q} = 0$ 和 $G_{4OUT} = CP \cdot Q = 0$，而 $G_{7OUT} = 0$ 和 $G_{8OUT} = 1$ 的状态由于 G_7 和 G_8 存在延迟时间而暂时不会改变，这时会出现暂短的 $G_{3OUT} = 0$、$G_{4OUT} = 0$ 的状态，使 $Q = G_{1OUT} = 1$。随后使 $G_{5OUT} = 1$，$\overline{Q} = G_{2OUT} = 0$，$G_{3OUT} = 0$，$G_{4OUT} = 0$。

经过暂短的延迟之后，有 $G_{7OUT} = 1$ 和 $G_{8OUT} = 1$，但是对 RS 触发器的状态已无任何影响。

2）触发器置 0 过程

由于触发器结构对称，所以触发器置 0 过程同置 1 过程基本相同。JK 边沿触发器的工作波形图如图 3-72 所示。

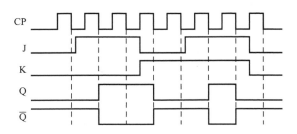

图 3-72　JK 边沿触发器的工作波形图

3.1.5　触发器的逻辑功能与转换

上面介绍了构成触发器的不同电路结构，下面将进一步讨论触发器的逻辑功能。触发器在每次时钟脉冲触发沿到来之前的状态称为现态，而在此之后的状态称为次态。所谓触发器的逻辑功能，是指次态与现态、输入信号之间的逻辑关系，这种关系可以用逻辑功能表、特性方程或状态转换图来描述。按照触发器状态转换的规则不同，通常分为 RS 触发器、D 触发器、JK 触发器、T 触发器，如图 3-73 所示，各方框内分别标明了时钟信号与不同输入的控制关联关系。

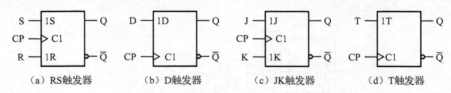

（a）RS 触发器　　　（b）D 触发器　　　（c）JK 触发器　　　（d）T 触发器

图 3-73　不同逻辑功能触发器的逻辑符号

1. RS 触发器

1）RS 触发器功能分析

（1）特性方程如下：

$$\begin{cases} Q^{n+1} = S + \overline{R}Q^n \\ SR = 0 \text{（约束条件）} \end{cases}$$

（2）逻辑功能表见表 3-43。

表 3-43　RS 触发器逻辑功能表

S	R	Q^n	Q^{n+1}	说明
0	0	0	0 ⎫ Q^n	状态不变
0	0	1	1 ⎭	
0	1	0	0 ⎫ 0	状态同 R
0	1	1	0 ⎭	
1	0	0	1 ⎫ 1	状态同 S
1	0	1	1 ⎭	
1	1	0	—	状态不定
1	1	1	—	

（3）状态转换图如图 3-74 所示。

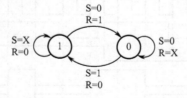

图 3-74　RS 触发器状态转换图

2）集成 RS 触发器

（1）TTL 集成主从 RS 触发器 74LS71。

该触发器有三个 S 端和三个 R 端，分别为与逻辑关系，即 $1R = R_1 \cdot R_2 \cdot R_3$，$1S = S_1 \cdot S_2 \cdot S_3$。其逻辑符号和引脚图如图 3-75 所示。逻辑功能表见表 3-44。

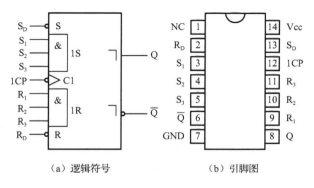

（a）逻辑符号　　　　　　　　（b）引脚图

图 3-75　74LS71 的逻辑符号和引脚图

表 3-44　74LS71 的逻辑功能表

输入					输出	
预置	清零	时钟 CP	1S	1R	Q	$\overline{Q}$
L	H	X	X	X	H	L
H	L	X	X	X	L	H
H	H	⤒	L	L	Q^n	$\overline{Q}^n$
H	H	⤒	H	L	H	L
H	H	⤒	L	H	L	H
H	H	⤒	H	H	不定	

（2）四 RS 触发器 74279。

图 3-76 是四 RS 触发器 74279 的逻辑符号，其中左图是流行符号，右图是 IEEE 符号。表 3-45 是它的逻辑功能表。

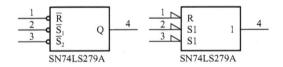

图 3-76　四 RS 触发器 74279 的逻辑符号

表 3-45　四 RS 触发器 74279 的逻辑功能表

输入		输出	
$\overline{S1}\&\overline{S2}$	$\overline{R}$	Q^{n+1}	
1	1	Q	保持
0	1	1	置 1
1	0	0	置 0
0	0	0	不允许

该触发器就是基本 RS 触发器，但是有两个与逻辑的置 1 输入端。输入信号低电平置位和复位。该触发器输出互补信号，有多种封装形式，外引线为 16 条，输入端加有钳位二极管。

2. D 触发器

1）D 触发器功能分析

（1）特性方程如下：

$$Q^{n+1}=D$$

（2）逻辑功能表见表 3-46。

表 3-46　D 触发器逻辑功能表

CP	D	Q^{n+1}
↑	0	0
↑	1	1
非 ↑	X	Q^n

（3）状态转换图如图 3-77 所示。

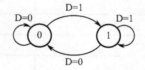

图 3-77　D 触发器状态转换图

2）集成 D 触发器

（1）集成上升沿触发的双 D 触发器 74LS74。

74LS74 是常用的 D 触发器。它的逻辑符号如图 3-78 所示，其中左图是流行符号，右图是 IEEE 符号。它的逻辑功能表见表 3-47。

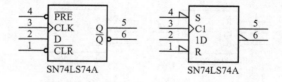

图 3-78　74LS74 的逻辑符号

表 3-47　74LS74 的逻辑功能表

输 入				输 出		
$\overline{PRE}$	$\overline{CLR}$	CLK	D	Q	$\overline{Q}$	
0	1	X	X	1	0	预置 1
1	0	X	X	0	1	预置 0
0	0	X	X	X	X	非法
1	1	↑	0	0	1	置 0
1	1	↑	1	1	0	置 1
1	1	0	X	Q_0	$\overline{Q_0}$	保持

（2）CMOS 双 D 触发器 CD4013。

CD4013 的引脚图如图 3-79 所示，真值表见表 3-48。

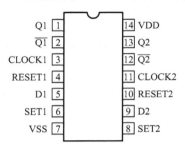

图 3-79　CD4013 的引脚图

表 3-48　CD4013 的真值表

CL*	D	R	S	Q	$\overline{Q}$
↑	0	0	0	0	1
↑	1	0	0	1	0
↓	X	0	0	Q	$\overline{Q}$
X	X	1	0	0	1
X	X	0	1	1	0
X	X	1	1	1	1

（3）集成 6D 触发器 74LS175。

74LS175 的逻辑符号和引脚图如图 3-80 所示。

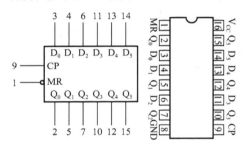

图 3-80　74LS175 的逻辑符号和引脚图

（4）集成 8D 触发器 74LS273。

74LS273 的引脚图如图 3-81 所示，真值表见表 3-49。

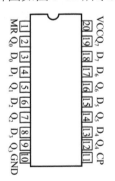

图 3-81　74LS273 的引脚图

表 3-49　74LS273 的真值表

$\overline{MR}$	CP	D_x	Q_x
L	X	X	L
H	↑	H	H
H	↑	L	L

3）D 触发器的应用

用 D 触发器将一个时钟进行 2 分频，其电路与波形图如图 3-82 所示，频率 $f_Q = f_{CP}/2$。R_D、S_D 不用时应悬空或通过 4.7kΩ 上拉电阻接高电平。用两个 2 分频电器级联组成 4 分频电路，如图 3-83 所示，$f_{2Q} = f_{1Q}/2 = f_{CP}/4$。

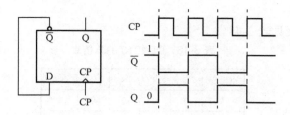

图 3-82　2 分频电路与波形图

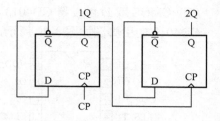

图 3-83　4 分频电路

3. JK 触发器

1）主从 JK 触发器功能分析

（1）特性方程如下：

$$Q^{n+1} = J\overline{Q^n} + \overline{K}Q^n$$

（2）逻辑功能表见表 3-50。

表 3-50　主从 JK 触发器的逻辑功能表

J	K	Q^n	Q^{n+1}	说明
0	0	0	$\left.\begin{array}{l}0\\1\end{array}\right\} Q^n$	状态不变
0	0	1		
0	1	0	$\left.\begin{array}{l}0\\0\end{array}\right\} 0$	置 0
0	1	1		
1	0	0	$\left.\begin{array}{l}1\\1\end{array}\right\} 1$	置 1
1	0	1		
1	1	0	$\left.\begin{array}{l}1\\0\end{array}\right\} \overline{Q^n}$	翻转
1	1	1		

（3）状态转换图如图 3-84 所示。

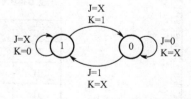

图 3-84　主从 JK 触发器的状态转换图

2）集成主从 JK 触发器 74HC76

74HC76 为高速 CMOS 双 JK 触发器，属于负跳沿触发的边沿触发器。其逻辑符号和引脚图如图 3-85 所示。逻辑功能表见表 3-51。

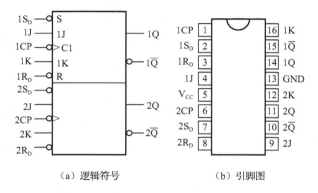

（a）逻辑符号　　　　　（b）引脚图

图 3-85　74HC76 的逻辑符号和引脚图

表 3-51　74HC76 的逻辑功能表

输　入					输　出	
S_D	R_D	CP	J	K	Q	$\bar{Q}$
L	H	X	X	X	H	L
H	L	X	X	X	L	H
H	H	↓	L	L	Q^n	$\bar{Q}^n$
H	H	↓	H	L	H	L
H	H	↓	L	H	L	H
H	H	↓	H	H	$\bar{Q}^n$	Q^n

4. T 与 T'触发器

1）T 触发器

所谓 T 触发器是指触发器有一个控制信号 T，当 T 信号为 1 时，触发器在时钟脉冲的作用下不断地翻转，而当 T 信号为 0 时，触发器状态保持不变。

图 3-86 所示的电路是由同步 JK 触发器组成的同步 T 触发器，其状态转换图如图 3-87 所示，逻辑功能表见表 3-52。令 J=K=T，代入 JK 触发器特性方程得到 T 触发器特性方程：

$$Q^{n+1} = T\bar{Q}^n + \bar{T}Q^n$$

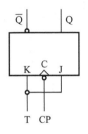

图 3-86　T 触发器电路结构

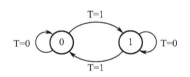

图 3-87　T 触发器的状态转换图

表 3-52　T 触发器的逻辑功能表

T	Q^n	Q^{n+1}
0	0	0
0	1	1
1	0	1
1	1	0

2）T′触发器

当 T 触发器的 T 输入端固定接高电平时，$Q^{n+1} = \overline{Q^n}$。也就是说，时钟脉冲每作用一次，触发器翻转一次。这种特定的 T 触发器常在集成电路内部逻辑图中出现，称为 T′触发器。它的输入只有时钟信号。

5. 触发器的逻辑功能转换

在实际应用中可能需要对触发器的逻辑功能进行转换，转换步骤如下：

（1）写出已知触发器和待求功能的触发器二者的特性方程。

（2）令二者特性方程相等，得出逻辑功能转换的表达式。

（3）画逻辑图。

下面介绍几种逻辑功能转换电路。

1）D 触发器转 JK 触发器

（1）D 触发器的特性方程为 $Q^{n+1} = D$，JK 触发器的特性方程为 $Q^{n+1} = J\overline{Q^n} + \overline{K}Q^n$。

（2）令 $D = J\overline{Q^n} + \overline{K}Q^n$。

（3）画逻辑图，如图 3-88 所示。

2）JK 触发器转 D 触发器

（1）JK 触发器的特性方程为 $Q^{n+1} = J\overline{Q^n} + \overline{K}Q^n$，D 触发器的特性方程为 $Q^{n+1} = D$。

（2）令 $J\overline{Q^n} + \overline{K}Q^n = D = D\overline{Q^n} + DQ^n$，即 $J = D$，$K = \overline{D}$。

（3）画逻辑图，如图 3-89 所示。

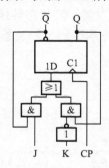

图 3-88　D 触发器转 JK 触发器

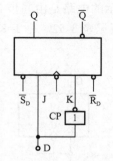

图 3-89　JK 触发器转 D 触发器

3）D 触发器转 T 触发器

（1）D 触发器的特性方程为 $Q^{n+1} = D$，T 触发器的特性方程为 $Q^{n+1} = T\overline{Q^n} + \overline{T}Q^n$。

（2）令 $D = Q^{n+1} = T\overline{Q^n} + \overline{T}Q^n$，即 $D = T \oplus Q^n$。

（3）画逻辑图，如图 3-90 所示。

4）D 触发器转 T′触发器

（1）D 触发器的特性方程为 $Q^{n+1} = D$，T′触发器的特性方程为 $Q^{n+1}\overline{Q^n}$。

（2）令 $D = \overline{Q^n}$。

（3）画逻辑图，如图 3-91 所示。

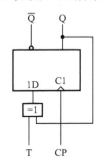

图 3-90　D 触发器转 T 触发器

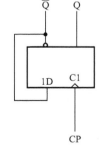

图 3-91　D 触发器转 T′触发器

3.1.6　触发器的触发方式及使用时应注意的问题

所谓触发器的触发方式是指触发器在控制脉冲的什么阶段（上升沿、下降沿和高或低电平期间）接收输入信号改变状态。触发器的触发方式有三种：电平触发、脉冲触发和边沿触发。

1. 电平触发

同步触发器在同步脉冲的高电平期间接收输入信号改变状态，故为电平触发方式。在 CP 脉冲电平有效期间，输出状态跟随输入信号变化而变化。同步触发器存在的问题是"空翻"。所谓空翻就是在一个控制信号期间，触发器发生多于一次的翻转。比如，同步 T 触发器在控制信号为高电平期间不停地翻转。这种触发器是不能构成计数器的。

2. 脉冲触发

对于主从触发器，在同步脉冲的一个电平期间，主触发器接收信号；在 CP 脉冲有效期间，输出状态跟随输入信号变化而变化，但一个脉冲周期内，输出状态只能变化一次，且在 CP 脉冲下降沿翻转变化。主从型 RS 触发器是跟随 CP=1 期间的最后一个输入有效信号变化，主从型 JK 触发器是跟随 CP=1 期间的第一个输入有效信号变化。这种触发器存在的问题是主触发器接收信号期间，如果输入信号发生改变，将使触发器状态的确定复杂化，故在使用主从触发器时，应尽可能不让输入信号发生改变。

3. 边沿触发

边沿触发器在同步脉冲的上升沿或下降沿接收输入信号改变状态，故为边沿触发方式。这种触发器在触发沿到来之前，输入信号要稳定地建立起来，触发沿到来之后仍须保持一定时间，也就是要注意这种触发器的建立时间和保持时间。

数字电子技术项目仿真与工程实践

4. 触发器的触发方式与电路结构形式的关系

触发器的触发方式是由电路的结构形式决定的，两者之间有固定的对应关系。凡是采用钟控 RS 结构的触发器，无论其逻辑功能如何，一定是电平触发方式；凡是采用主从 RS 结构的触发器，无论其逻辑功能如何，一定是脉冲触发方式；凡是采用维持-阻塞结构、传输门延迟结构或两个电平触发 D 触发器结构的触发器，无论其逻辑功能如何，一定是边沿触发方式。另外，要注意同一功能的触发器触发方式不同，即使输入相同，输出也不相同。

3.2 寄存器

寄存器是数字系统中常用的逻辑部件，它用来存放数码或指令。它由触发器和门电路组成。一个触发器只能存放一位二进制数，存放 n 位二进制数时，需要 n 个触发器。寄存器按功能可分为数码寄存器和移位寄存器。

3.2.1 数码寄存器

数码寄存器仅有寄存数码的功能，通常由 D 触发器或 RS 触发器组成。

1. 一步（单拍）接收 4 位数据寄存器

由 D 触发器组成的一步（单拍）接收 4 位数据寄存器如图 3-92 所示，$\overline{R}_D$ 端为异步清零端，低电平有效。在 CP 端上升沿，$d_3d_2d_1d_0$ 被依次送至 $Q_3Q_2Q_1Q_0$；当 CP 为高电平或低电平时，$Q_3Q_2Q_1Q_0$ 的值将维持不变。

2. 两步（二拍）接收 4 位数据寄存器

由 RS 触发器组成的两步（二拍）接收 4 位数据寄存器如图 3-93 所示，$\overline{R}_D$ 端为异步清零端，低电平有效。在 CP 端上升沿，$d_3d_2d_1d_0$ 被依次送至触发器的输出端。OE 为输出允许控制端，当 OE 为高电平时，可以从 $Q_3Q_2Q_1Q_0$ 读出输出的数值。当 CP 为高电平或低电平时，$Q_3Q_2Q_1Q_0$ 的值将维持不变。

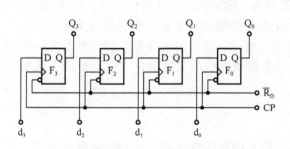

图 3-92 一步（单拍）接收 4 位数据寄存器

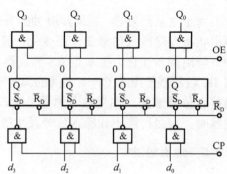

图 3-93 两步（二拍）接收 4 位数据寄存器

3.2.2 移位寄存器

移位寄存器不仅能寄存数码，还有移位的功能。所谓移位，就是每来一个移位脉冲，寄存器中所寄存的数据就向左或向右顺序移动一位。按移位方式可分为单向移位寄存器和双向移位寄存器。

1. 移位寄存器的电路结构与原理

移位寄存器的原理框图如图 3-94 所示。

一般移位寄存器具有如下全部或部分输入、输出和控制端。

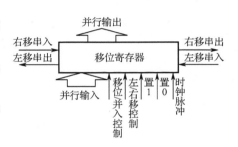

图 3-94 移位寄存器的原理框图

并行输入端：寄存器中的每一个触发器输入端都是寄存器的并行数据输入端。

并行输出端：寄存器中的每一个触发器输出端都是寄存器的并行数据输出端。

移位脉冲 CP 端：寄存器的移位脉冲。

串行输入端：寄存器中最左侧或最右侧触发器的输入端是寄存器的串行数据输入端。

串行输出端：寄存器中最左侧或最右侧触发器的输出端是寄存器的串行数据输出端。

置 0 端：将寄存器中的所有触发器置 0。

置 1 端：将寄存器中的所有触发器置 1。

移位/并入控制端：控制寄存器是否进行数据串行移位或数据并行输入。

左/右移控制端：控制寄存器的数据移位方向。

以上介绍的这些输入、输出和控制端并不是每一个移位寄存器都具有，但是移位寄存器一定有移位脉冲端。

由边沿触发器组成的 4 位左移寄存器电路如图 3-95 所示，其波形图如图 3-96 所示，状态表见表 3-53。

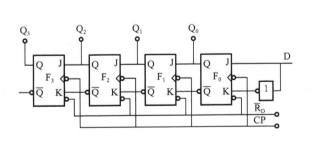

图 3-95 4 位左移寄存器电路

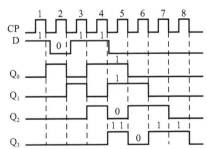

图 3-96 4 位左移寄存器波形图

表 3-53 4 位左移寄存器状态表

移位脉冲	$Q_3Q_2Q_1Q_0$	寄存数码 D	移位过程
0	0000	1011	清零

移位脉冲	$Q_3Q_2Q_1Q_0$	寄存数码 D	移位过程
1	0001	011	左移一位
2	0010	11	左移二位
3	0101	1	左移三位
4	1011		左移四位

2. 移位寄存器 74164

74164 是 8 位串入并出的移位寄存器，图 3-97 为它的逻辑符号。74164 由 8 个具有异步清除端的 RS 触发器组成，具有时钟端 CLK、清除端 $\overline{\text{CLR}}$、串行输入端 A 和 B 及 8 个输出端。

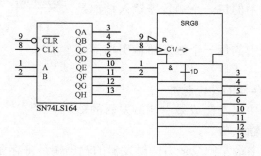

图 3-97　74164 的逻辑符号

图 3-98 是 74164 的第一级电路，通过它可以分析 74164 的功能。从图中可以看出 74164 是低电平清零。

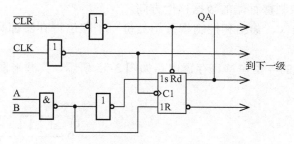

图 3-98　74164 的第一级电路

输入端 A 和 B 之间是与逻辑关系，当 A 和 B 都是高电平时，相当于串行数据端接高电平，而其中若有一个是低电平就相当于串行数据端接低电平，一般将 A 和 B 并接在一起使用。74164 的功能表见表 3-54。

表 3-54　74164 的功能表

输入				输出				说明
CLK	$\overline{\text{CLR}}$	A	B	QA	QB	...	QH	
X	0	X	X	0	0	...	0	清零
0	1	X	X	QA_0	QB_0	...	QH_0	保持

输入				输出				说明
CLK	$\overline{CLR}$	A	B	QA	QB	···	QH	
↑	1	1	1	1	QA_n	···	QG_n	移入 1
↑	1	0	X	0	QA_n	···	QG_n	移入 0
↑	1	X	0	0	QA_n	···	QG_n	移入 0

图 3-99 是使用 74164 显示数码的电路，图中 U_1 的串行输入端用于接收欲显示的数据，而时钟端用于将数据移到 74164 中。使用这种方式显示数据，首先要将数据编码。例如，显示数字 3，则移入 74164 的数据应为 00001101，各位数据对应于数码管的各段笔画 a、b、c、d、e、f、g 和小数点。

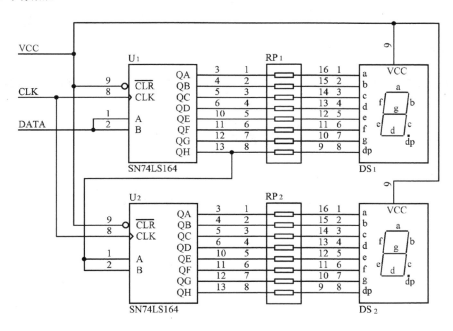

图 3-99　用 74164 显示数码的电路

该电路可以和单片机、微机、可编程控制器等装置连接，用于显示数据。若将几百个这样的电路串联，可以节约大量的 I/O 接口。若使用单片机的串行通信口与该电路连接，则使用起来更加方便。

3.3　同步时序电路分析

所有存储电路的状态都是在同一时钟信号作用下发生变化的时序电路称为同步时序电路。存储电路的状态不是在同一时钟信号作用下发生变化的时序电路称为异步时序电路。

3.3.1 同步时序电路分析步骤

所谓同步时序电路分析，就是由时序电路逻辑图得出状态方程、状态图、时序图、状态表等，并由此得到该时序电路的功能。

分析步骤如下：

（1）观察时序电路的输入、输出和状态变量。

（2）写出各个触发器的驱动方程（又称激励方程、控制方程和输入方程）。

（3）写出时序电路的输出方程（利用组合电路的分析能力）。

（4）把驱动方程代入触发器的特性方程，得到时序电路的状态方程。

（5）由时序电路的状态方程和输出方程构造状态表、状态图。

（6）如果电路不是很复杂，可画出时序图。

在分析过程中上述步骤并不是每一步都需要，而是按照具体情况，灵活处理。

3.3.2 同步时序电路分析举例

例：试写出图 3-100 所示电路的驱动方程、状态方程、输出方程并画出状态表、状态图。

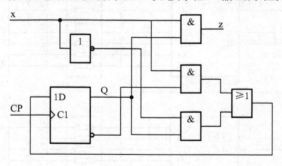

图 3-100　例题的电路

解：

（1）观察变量。

输入变量为 x，输出变量为 z，状态变量为 Q 和 $\overline{Q}$。

（2）驱动方程。

驱动方程是触发器输入信号的逻辑表达式，这里的驱动方程为

$$D = \overline{x}Q + x\overline{Q}$$

（3）状态方程。

将触发器的驱动方程代入特性方程所得到的方程称为状态方程，这里的状态方程为

$$Q^{n+1} = D = \overline{x}Q + x\overline{Q}$$

（4）输出方程为

$$z = xQ$$

（5）状态表。

状态表类似于组合电路中的真值表，包含输入变量、现态变量、次态变量和输出变量，见表 3-55。

表 3-55　例题的状态表

输入	现态	次态	输出
x	Q	Q^{n+1}	z
0	0	0	0
0	1	1	0
1	0	1	0
1	1	0	1

（6）状态图。

状态图又称状态转换图，它是用图形的方式描述现态、次态、输入和输出之间的关系。它的画法是使用圆圈中的数字或字母表示时序电路的状态，使用箭头表示状态变化，箭头上标记有输入变量 x 和输出变量 z，标记时将输入变量 x 与输出变量 z 用斜杠隔开。图 3-101 为本例的状态图。

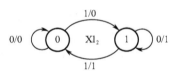

图 3-101　例题的状态图

例：试写出图 3-102 所示电路的驱动方程、状态方程、输出方程并画出状态表、状态图。

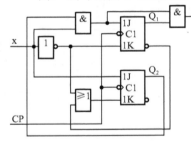

图 3-102　例题的电路

解：

（1）观察变量。

输入变量为 x，输出变量为 z，状态变量为 Q_1 和 Q_2。

（2）驱动方程如下：

$$J_1 = xQ_2$$
$$K_1 = \overline{x}$$
$$J_2 = x$$
$$K_2 = \overline{x} + \overline{Q_1}$$

（3）状态方程如下：

$$Q_1^{n+1} = J_1\overline{Q_1} + \overline{K_1}Q_1 = (xQ_2)\overline{Q_1} + (\overline{\overline{x}})Q_1$$
$$Q_2^{n+1} = J_2\overline{Q_2} + \overline{K_2}Q_2 = x\overline{Q_2} + (\overline{\overline{x}+\overline{Q_1}})Q_2$$

（4）输出方程为

$$z = xQ_1Q_2$$

（5）状态表。

由状态方程和输出方程画出状态表（表 3-56）。

表 3-56　例题的状态表

输入	现态	次态	输出
x	Q_1Q_2	$Q_1^{n+1}Q_2^{n+1}$	z
0	0 0	0　0	0
0	0 1	0　0	0
0	1 0	0　0	0
0	1 1	0　0	0

输入	现态	次态	输出
x	Q_1Q_2	$Q_1^{n+1}Q_2^{n+1}$	z
1	0 0	0 1	0
1	0 1	1 0	0
1	1 0	1 1	0
1	1 1	1 1	1

（6）状态图。

根据以上分析画出图 3-103 所示的状态图。

（7）时序图。

设 x=0011110，触发器初始状态为 $Q_1=1$，$Q_2=0$，则可画出该电路的时序图（图 3-104）。

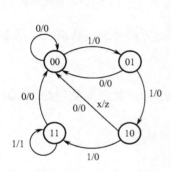

图 3-103　例题的状态图

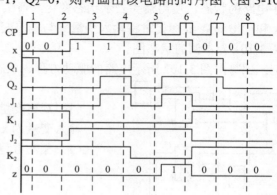

图 3-104　例题的时序图

3.4　计数器

计数器是最常见的时序电路之一，常用于计数、分频、定时及产生数字系统的节拍脉冲等，其种类很多，划分方法如下。

（1）按照触发器是否同时翻转可分为同步计数器和异步计数器。

（2）按照计数顺序的增减分为加、减计数器，计数顺序增加称为加计数器，计数顺序减少称为减计数器，计数顺序可增可减称为可逆计数器。

（3）按计数容量（M）和构成计数器的触发器的个数（N）之间的关系可分为二进制计数器和非二进制计数器。计数器所能记忆的时钟脉冲个数（容量）称为计数器的模。当 $M=2^N$ 时为二进制计数器，否则为非二进制计数器。二进制计数器又可称为 $M=2^N$ 计数器。

3.4.1　同步计数器

1.　同步二进制加法计数器

同步二进制加法计数器的状态表见表 3-57。从表中可以知道，Q_0 只要有时钟脉冲就翻转，

而 Q_1 要在 Q_0 为 1 时翻转，Q_2 要在 Q_1 和 Q_0 都是 1 时翻转，依此类推，若要 Q_n 翻转，必须 Q_{n-1}，…，Q_2，Q_1，Q_0 都为 1。若用 JK 触发器组成同步二进制加法计数器，则每一个触发器翻转的条件是

$$J_n = K_n = Q_{n-1} \cdot Q_{n-2} \cdots Q_2 \cdot Q_1 \cdot Q_0$$

根据这个规律可以画出如图 3-105 所示的同步二进制加法计数器的逻辑图。

表 3-57　同步二进制加法计数器的状态表

Q_n	⋯	Q_2	Q_1	Q_0
0	⋯	0	0	0
0	⋯	0	0	1
0	⋯	0	1	0
0	⋯	0	1	1
0	⋯	1	0	0
⋮	⋯	⋮	⋮	⋮
1	⋯	1	1	0
1	⋯	1	1	1

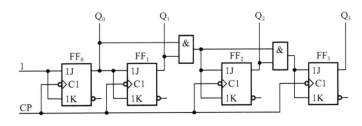

图 3-105　同步二进制加法计数器的逻辑图

计数器 74163 是 4 位二进制加法计数器。图 3-106 是 74163 的流行符号和 IEEE 符号，功能表见表 3-58。它具有同步预置端 $\overline{\text{LOAD}}$、清除端 $\overline{\text{CLR}}$、使能控制端 ENT 和 ENP 及纹波进位端 RCO，计数器在时钟上升沿进行预置、清除和计数操作。

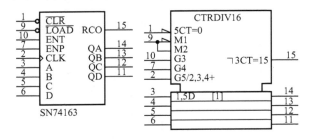

图 3-106　74163 的逻辑符号

表 3-58　74163 的功能表

输入					输出
$\overline{\text{CLR}}$	$\overline{\text{LOAD}}$	ENT	ENP	CLK	Q_n
0	X	X	X	↑	同步清除

续表

输入					输出
$\overline{CLR}$	$\overline{LOAD}$	ENT	ENP	CLK	Q_n
1	0	X	X	↑	同步预置
1	1	1	1	↑	计数
1	1	0	X	X	保持
1	1	X	0	X	保持

2. 同步二进制减法计数器

同步二进制减法计数器状态表见表 3-59。从表中可以知道，Q_0 只要有时钟脉冲就翻转，而 Q_1 要在 Q_0 为 0 时翻转，Q_2 要在 Q_1 和 Q_0 都是 0 时翻转，依此类推，若要 Q_n 翻转，必须 Q_{n-1}，…，Q_2，Q_1，Q_0 都为 0。

表 3-59 同步二进制减法计数器状态表

Q_n	…	Q_2	Q_1	Q_0
0	…	0	0	0
1	…	1	1	1
1	…	1	1	0
1	…	1	0	1
1	…	1	0	0
1	…	0	1	1
⋮	…	⋮	⋮	⋮
0	…	0	1	0
0	…	0	0	1

若使用 JK 触发器组成同步二进制减法计数器，则任何一个触发器翻转的条件是

$$J_n = K_n = \overline{Q}_{n-1} \cdot \overline{Q}_{n-2} \cdots \overline{Q}_2 \cdot \overline{Q}_1 \cdot \overline{Q}_0$$

根据这个规律可以画出如图 3-107 所示的同步二进制减法计数器的逻辑图。

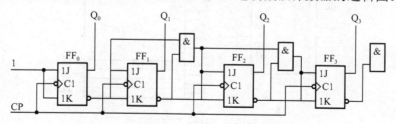

图 3-107 同步二进制减法计数器的逻辑图

74191 是可预置数 4 位二进制同步可逆（加减）计数器，流行符号和 IEEE 符号如图 3-108 所示。它具有置数端 $\overline{LOAD}$、加减控制端 $D/\overline{U}$ 和计数控制端 $\overline{CTEN}$，为方便级联，设置了两个输出端 $\overline{RCO}$ 和 MAX/MIN。加减控制端 $D/\overline{U} = 1$ 时减计数，$D/\overline{U} = 0$ 时加计数；置数端

$\overline{\text{LOAD}} = 0$ 时预置数；计数控制端 $\overline{\text{CTEN}}$ =1 时禁止计数， $\overline{\text{CTEN}}$ =0 时，计数器将在时钟上升沿开始计数；当计数器产生正溢出或下溢出时， MAX/MIN 端输出与时钟周期相同的正脉冲，而 $\overline{\text{RCO}}$ 端产生一个宽度为时钟低电平宽度的低电平。详细功能见表 3-60。

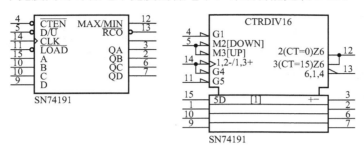

图 3-108 74191 的流行符号与 IEEE 符号

表 3-60 74191 的功能表

输入							输出				
$\overline{\text{CTEN}}$	$\overline{\text{LOAD}}$	$\text{D}/\overline{\text{U}}$	D	C	B	A	CLK	Q_D	Q_C	Q_B	Q_A
X	0	X	d	c	b	a	X	d	c	b	a	异步预置
0	1	0					↑					加计数
0	1	1					↑					减计数
1	1	X					X					保持

3. 同步十进制加法计数器

下面以 JK 触发器为例讨论同步十进制加法计数器。从表 3-61 可以看出，第 10 个脉冲到来之前的情况，与同步二进制加法计数器相同。只要在第 10 个脉冲之后，解决如下问题。

表 3-61 同步十进制加法计数器状态表

计数脉冲	Q_3	Q_2	Q_1	Q_0
1	0	0	0	0
2	0	0	0	1
3	0	0	1	0
4	0	0	1	1
5	0	1	0	0
6	0	1	0	1
7	0	1	1	0
8	0	1	1	1
9	1	0	0	0
10	1	0	0	1
11	0	0	0	0

第一个问题：使 Q_1 和 Q_2 保持不变。

从状态表可以看出，Q_3 为 1 时，Q_1 和 Q_2 保持为 0，所以可以取 Q_3 信号保持 Q_1 为 0，只要 Q_1 为 0，Q_2 就保持不变。

第二问题：使 Q_0 和 Q_3 翻转置 0。

Q_0 自由翻转，在第 10 个脉冲到来前 $Q_0=1$，所以当第 10 个脉冲到来后，$Q_0=0$。

从状态表可以看出，只有当 Q_3 为 1，Q_0 也为 1 时，Q_3 才置 0。

由以上分析可得到如下驱动方程：

$$J_0 = K_0 = 1$$
$$J_1 = K_1 = Q_0\overline{Q_3}$$
$$J_2 = K_2 = Q_1Q_0$$
$$J_3 = K_3 = Q_2Q_1Q_0 + Q_3Q_0$$

由此可以画出如图 3-109 所示的逻辑电路图。

74160 是可预置数十进制同步加法计数器，它的流行符号与 IEEE 符号如图 3-110 所示。它具有数据输入端 A、B、C 和 D，置数端 $\overline{\text{LOAD}}$，清除端 $\overline{\text{CLR}}$，以及计数控制端 ENT 和 ENP，为方便级联，设置了输出端 $\overline{\text{RCO}}$。

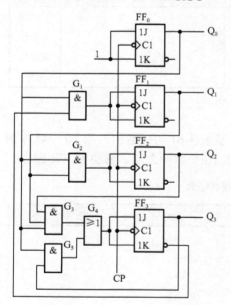

图 3-109 同步十进制加法计数器电路图

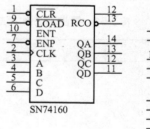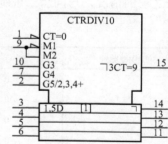

图 3-110 74160 的逻辑符号

当置数端 $\overline{\text{LOAD}}$ =0、$\overline{\text{CLR}}$ =1、CP 脉冲上升沿时预置数。当 $\overline{\text{CLR}}$ = $\overline{\text{LOAD}}$ =1 而 ENT=ENP=0 时，输出数据和进位 RCO 保持。当 ENT=0 时计数器保持，但 RCO=0。$\overline{\text{LOAD}}$ = $\overline{\text{CLR}}$ =ENT= ENP=1 时，电路工作在计数状态。详细功能见表 3-62。

表 3-62 74160 功能表

输入					输出
$\overline{CLR}$	$\overline{LOAD}$	ENT	ENP	CLK	Q_n
0	X	X	X	X	异步清除
1	0	X	X	↑	同步预置
1	1	1	1	↑	计数
1	1	0	X	X	保持
1	1	X	0	X	保持

同步二进制计数器 74161 的功能同 74160，它也是直接清零的计数器。74190 是可预置数同步可逆（加减）十进制计数器。

3.4.2 异步计数器

若没有同一时钟控制计数器的状态变化，则此计数器就是异步计数器。在异步计数器中充分利用了各个触发器输出状态的时钟沿。

1. 异步二进制加法计数器

首先分析表 3-63 所示的二进制加法计数器状态表。从该表可以看出，当 Q_0 从 1 变为 0 时，Q_1 发生变化，而只有当 Q_1 从 1 变为 0 时，Q_2 才发生变化。由此可以得出结论，异步二进制加法计数器各位触发器的翻转发生在前一位输出从 1 变为 0 的时刻。用 JK 触发器实现的 4 位异步二进制加法计数器如图 3-111 所示。

表 3-63 二进制加法计数器状态表

Q_n	...	Q_2	Q_1	Q_0
0	...	0	0	0
0	...	0	0	1
0	...	0	1	0
0	...	0	1	1
0	...	1	0	0
0	...	1	0	1
0	...	1	1	0
⋮	...	⋮	⋮	⋮

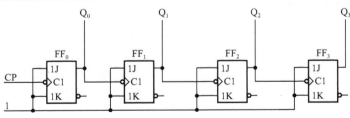

图 3-111 4 位异步二进制加法计数器

74293 是 4 位异步二进制加法计数器，具有二分频和八分频能力，逻辑符号如图 3-112 所示。74293 内部逻辑图如图 3-113 所示。从逻辑图可知，它由一个二进制计数器和一个八进制计数器组成，两个计数器各具有时钟端 CKA、CKB，两个计数器具有相同的清除端 R0(1)&R0(2)。74293 的功能表见表 3-64。该计数器可以接成二进制、八进制和十六进制，使用起来非常灵活。

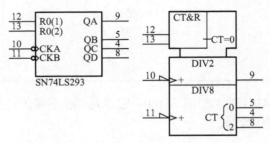

图 3-112　74293 的逻辑符号

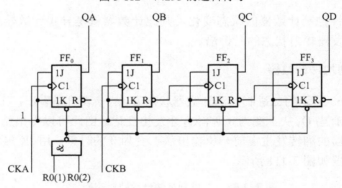

图 3-113　74293 内部逻辑图

表 3-64　74293 功能表

输入				输出
R0(1)	R0(2)	CKA	CKB	Q
1	1	X	X	清零
0	X	↓	↓	计数
X	0	↓	↓	计数

2. 异步二进制减法计数器

为了得到二进制减法计数器的规律，首先列出表 3-65 所示的二进制减法计数器状态表。由状态表可以看出，当 Q_0 从 0 变为 1 时，Q_1 发生变化，而只有当 Q_1 从 0 变为 1 时，Q_2 才发生变化。由此可以得出结论，异步二进制减法计数器各位触发器的翻转发生在前一位输出从 0 变为 1 的时刻。用 JK 触发器实现的 4 位异步二进制减法计数器如图 3-114 所示。

表 3-65 二进制减法计数器状态表

Q_n	⋯	Q_2	Q_1	Q_0
0	⋯	0	0	0
1	⋯	1	1	1
1	⋯	1	1	0
1	⋯	1	0	1
1	⋯	1	0	0
1	⋯	0	1	1
0	⋯	0	1	0
⋮	⋯	⋮	⋮	⋮

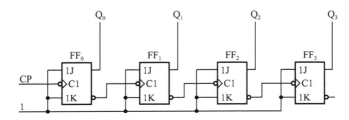

图 3-114 4 位异步二进制减法计数器

3. 异步十进制加法计数器

为了得到异步十进制加法计数器的规律，首先列出表 3-66 所示的状态表。

表 3-66 异步十进制加法计数器状态表

Q_3	Q_2	Q_1	Q_0
0	0	0	0
0	0	0	1
0	0	1	0
0	0	1	1
0	1	0	0
0	1	0	1
0	1	1	0
0	1	1	1
1	0	0	0
1	0	0	1
0	0	0	0

根据十进制加法计数器的规律，要组成十进制加法计数器，关键是从 1001 状态跳过 6 个状态进入 0000 状态。要从 1001 状态进入 0000 状态，需要解决如下问题。

第一个问题：Q_3 的时钟。

当 Q_1 和 Q_2 都为 1 时，Q_3 从 0 变为 1；当 Q_1 和 Q_2 为 0 时，Q_3 要从 1 变为 0。由此可以知道，Q_3 的时钟脉冲不能来自 Q_2 与 Q_1，只能来自 Q_0。

第二个问题：保持 Q_1 和 Q_2 为 0。

当 1001 变为 0000 时，要求 Q_1 和 Q_2 保持 0 不变，保持信号来自 Q_3，因为 Q_3 为 1 时，需要保持 Q_1 和 Q_2 为 0 不变。

若用 JK 触发器实现 4 位异步十进制计数器，从以上讨论可以得到如下驱动信号。

Q_0 是自由翻转的触发器，所以

$$J_0 = K_0 = 1$$

需要用 Q_3 保持 Q_1 和 Q_2 为 0，所以根据 JK 触发器的特性方程有

$$J_1 = \overline{Q_3}$$
$$K_1 = 1$$

只要 Q_1 保持为 0，Q_2 就会保持不变，因为 Q_2 的时钟端是 Q_1 的输出，所以 Q_2 是自由翻转的触发器，有

$$J_2 = K_2 = 1$$

Q_3 在 Q_1 和 Q_2 为 1 时从 0 变为 1，在 Q_1 和 Q_2 为 0 时从 1 变为 0，根据 JK 触发器的特性方程，有

$$J_3 = Q_1 Q_2$$
$$K_3 = 1$$

由驱动方程得出图 3-115 所示的逻辑图。

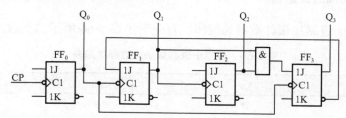

图 3-115 异步十进制加法计数器

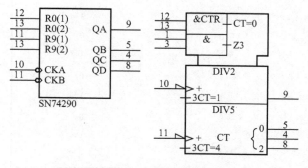

图 3-116 74290 的逻辑符号

74290 就是按上述原理制成的异步十进制计数器，其逻辑符号如图 3-116 所示。该计数器由一个二进制计数器和一个五进制计数器组成，其中时钟端 CKA 和输出端 QA 组成二进制计数器，时钟端 CKB 和输出端 QB、QC、QD 组成五进制计数器。另外，这两个计数器还有公共置 0 端 R0(1)&R0(2) 和公共置 1 端 R9(1)&R92)。

该计数器之所以分成二、五进制两个计数器，就是为了使用灵活。例如，它本身就包含二、五进制计数器，若将 QA 连接到 CKB 就得到十进制计数器。该计数器功能见表 3-67。

表 3-67 74290 功能表

输入				输出			
R0(1)	R0(2)	R9(1)	R9(2)	QD	QC	QB	QA
1	1	0	X	0	0	0	0
1	1	X	0	0	0	0	0
X	X	1	1	1	0	0	1
X	0	X	0	计数			
0	X	0	X	计数			
0	X	X	0	计数			
X	0	0	X	计数			

3.4.3 使用集成计数器构成 *N* 进制计数器

集成计数器一般有 4 位二进制、8 位二进制、12 位二进制、14 位二进制、十进制等几种，若要构成任意进制计数器，只能利用集成计数器已有的功能，同时增加外电路。

1. *N>M* 的情况

假定已有 *N* 进制计数器，要得到 *M* 进制计数器，方法如下。

当 *N>M* 时，需要去掉 *N-M* 个状态，方法有二，其一就是计数器到 *M* 状态时，将计数器清零，此种方法称为清零法。其二就是计数器到某状态时，将计数器预置到某数，使计数器减少 *N-M* 个状态，此种方法称为预置数法。第一种方法要用计数器的清零功能，第二种方法要用计数器的预置数功能。下面分别介绍。

1）清零法

假定已有 *N* 进制计数器，用清零法得到 *M* 进制计数器。具体方法是当计数器计数到 *M* 状态时，将计数器清零。清零方法与计数器的清零端功能有关，一定要弄清楚计数器是异步清零还是同步清零。若为异步清零，则要在 *M* 状态将计数器清零；若为同步清零，应在 *M-1* 状态将计数器清零。

例：试使用清零法，把 4 位二进制计数器 74293 接成十三进制计数器。

解：首先把 74293 的输出端 QA 连接到时钟端 CKB，形成十六进制计数器。由于 74293 是异步清零，所以在 1101 状态时清零。相关电路如图 3-117 所示，状态图如图 3-118 所示。

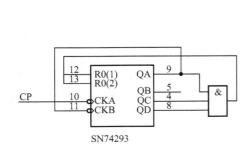

图 3-117 电路图

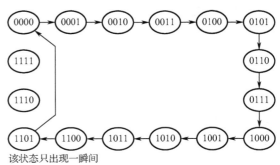

图 3-118 状态图

例：试用 4 位同步计数器 74163 组成十三进制计数器。

解：74163 是同步十六进制计数器，具有同步清零端，所以应该在 $M-1$ 状态清零。当计数器状态为 1100 时，满足清零条件，但是不清零，等待下一个脉冲到来时清零。逻辑电路如图 3-119 所示，状态图如图 3-120 所示。

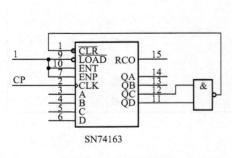

图 3-119　逻辑电路

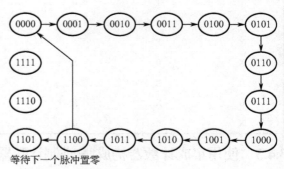

等待下一个脉冲置零

图 3-120　状态图

2）预置数法

假定已有 N 进制计数器，用预置数法得到 M 进制计数器。具体方法是当计数器到某状态时，将计数器预置到某数，使计数器减少 $N-M$ 个状态。预置数法与计数器的预置端功能有关，分为异步预置和同步预置。若为同步预置，应在 $M-1$ 状态预置；若为异步预置，则应在 M 状态预置。

例：试用同步十进制计数器 74160 组成六进制计数器。

解：由于 74160 具有同步预置功能，所以可以采用同步预置数法。逻辑电路如图 3-121 所示。当计数器输出为 0101 状态时，由外加门电路产生 $\overline{LOAD}$ =0 信号，下一个 CP 到达时将计数器预置到 0000 状态，使计数器跳过 0110～1001 这 4 个状态，得到六进制计数器。状态图如图 3-122 所示。

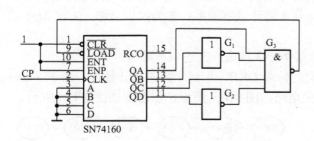

SN74160

图 3-121　逻辑电路

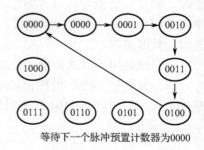

等待下一个脉冲预置计数器为0000

图 3-122　状态图

例：用另一种方法实现上例。

解：该方法是当计数器输出 0100 时，产生 $\overline{LOAD}$ =0 信号，下一个 CP 信号到来时向计数器置入 1001。这种方法的好处就是能够使用原计数器进位端产生进位。逻辑电路如图 3-123 所示。状态图如图 3-124 所示。

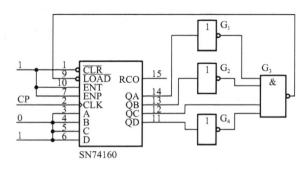

图 3-123　逻辑电路

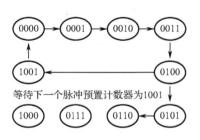

等待下一个脉冲预置计数器为1001

图 3-124　状态图

2. N<M 的情况

由于 $N<M$，所以必须将多个 N 进制计数器组合起来，才能形成 M 进制计数器。

第一种方法是将多个 N 进制计数器串联起来使

$$N_1N_2\cdots N_n>M$$

然后使用整体清零或预置数法，形成 M 进制计数器。

第二种方法是假如 M 可分解成两个因数相乘，即 $M=N_1\times N_2$，则可采用同步或异步方式将一个 N_1 进制计数器和一个 N_2 进制计数器连接起来，构成 M 进制计数器。

同步方式连接是指两个计数器的时钟端连接到一起，低位进位控制高位的计数使能端。

异步方式连接是指低位计数器的进位信号连接到高位计数器的时钟端。

例：试用两个 74160 组成 100 进制计数器。

解：74160 是十进制计数器，将两个 74160 串联起来就可以形成 100 进制计数器。采用异步方式连接就是使两个计数器都具有正常计数功能，因为第一个的进位端 RCO 在计数器为 1001 时跳到高电平，在下个 CP 到来时跳到低电平，所以须通过反相器连接到高位的时钟端 CLK，以满足时钟需要上升沿的要求。连接完成的电路图如图 3-125 所示。

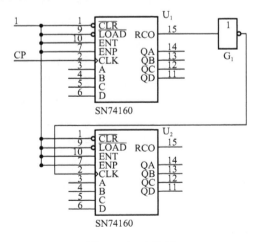

图 3-125　电路图

例：选用两个同步十进制计数器 74160，以同步连接方式实现 100 进制计数器。

数字电子技术项目仿真与工程实践

解：两个 74160 具有共同的时钟 CP，第一个的进位端 RCO 输出到第二个的 ENT 和 ENP 端，即每当第一个计数器计数到 1001 时，RCO 变为 1，给第二个计数器提供计数条件，当下一个 CP 到来后，第二个计数器增加 1，而当第一个计数器计数到 0000 时，RCO 变为 0，第二个计数器停止计数，等待下一个 RCO=1。电路图如图 3-126 所示。

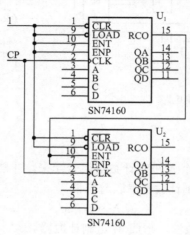

图 3-126　电路图

3.5　异步时序电路分析

3.5.1　概述

同步时序电路使用同步脉冲，异步时序电路中没有同步时钟，所以分析和设计都困难，并且它比具有相同功能的同步时序电路慢。

异步时序电路和同步时序电路具有相同的状态和输出到输入的反馈。同步时序电路中，所有输入信号与时钟同步。若输入信号和时钟不同步，就应该使用异步时序电路。

在计算机系统中，不同计算机之间的通信由于距离太远而不能传输并行数据和时钟，必须采用异步时序电路。用于完成这种功能的集成电路称为异步收发电路（UART）。在 UART 内部，控制部分采用同步方式，但是数据传输部分采用异步方式。

异步时序电路又可，分为脉冲异步时序电路和电平异步时序电路两种。两者的区别是输入信号不同。若输入信号是脉冲，存储元件是触发器，则为脉冲异步时序电路；若输入是电平信号，存储元件是没有脉冲输入端的锁存器，则为电平异步时序电路。

脉冲异步时序电路的特点是它的现态和次态划分是前一个脉冲（现态）和后一个脉冲（次态）。当电路中有多个输入脉冲时，要求一次只能有一个输入脉冲发生变化，而在输入脉冲变化结束后立刻就建立次态，因而可以用状态图描述。

3.5.2　脉冲异步时序电路分析

脉冲异步时序电路的分析方法与同步时序电路基本相同。由于各个触发器在各自的时钟出现之后才发生翻转，因此分析脉冲异步时序电路时，触发器的 CP 脉冲是一个必须考虑的逻

174

辑变量。

脉冲异步时序电路的分析步骤如下：

（1）写出各个触发器的驱动方程和时钟方程。

（2）确定电路的状态方程。

（3）列出状态表，作状态图。

由于触发器的翻转与 CP 脉冲的有无相关，所以考虑 CP 脉冲的触发器特性方程应该包含时钟变量。下面举例说明 D 触发器和 JK 触发器的特性方程。

1）D 触发器

CP=0 表示无触发沿，D 触发器状态不变；CP=1 表示有脉冲沿，$Q^{n+1} = D$，所以考虑时钟脉冲的 D 触发器特性方程为

$$Q^{n+1} = \overline{CP}Q^n + CPD$$

2）JK 触发器

CP=0 表示无触发沿，JK 触发器状态不变；CP=1 表示有脉冲沿，$Q^{n+1} = J\overline{Q^n} + \overline{K}Q^n$，所以考虑时钟脉冲的 JK 触发器特性方程为

$$Q^{n+1} = \overline{CP}Q^n + CP(J\overline{Q^n} + \overline{K}Q^n)$$

下面举例说明脉冲异步时序电路的分析方法和步骤。

例：试分析图 3-127 所示脉冲异步时序电路的功能。

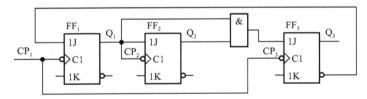

图 3-127　脉冲异步时序电路

解：

（1）确定各个触发器的驱动方程和时钟方程。

$$J_1 = \overline{Q}_3 \quad K_1 = 1 \quad CP_1 = CP$$
$$J_2 = K_2 = 1 \quad CP_2 = Q_1$$
$$J_3 = Q_1Q_2 \quad K_3 = 1 \quad CP_3 = CP$$

（2）列出电路的状态方程。

$$Q_1^{n+1} = \overline{Q}_2Q_1CP_1 = \overline{Q}_2Q_1CP$$
$$Q_2^{n+1} = \overline{Q}_2CP_2 = \overline{Q}_2Q_1$$
$$Q_3^{n+1} = Q_1Q_2\overline{Q}_3CP_3 = Q_1Q_2\overline{Q}_3CP$$

（3）列出状态表。

在表 3-68 中列出了触发器的驱动端，它们直接由驱动方程得到，而时钟的得到要复杂一些，如 CP_2，它只有在 Q_1 的现态是 1，次态是 0 时，才能出现下降沿。

表 3-68　状态表

现态			驱动变量									次态		
Q_3	Q_2	Q_1	J_3	K_3	CP_3	J_2	K_2	CP_2	J_1	K_1	CP_1	Q_3^{n+1}	Q_2^{n+1}	Q_1^{n+1}
0	0	0	0	1	↓	1	1	—	1	1	↓	0	0	1
0	0	1	0	1	↓	1	1	↓	1	1	↓	0	1	0
0	1	0	0	1	↓	1	1	—	1	1	↓	0	1	1
0	1	1	1	1	↓	1	1	↓	1	1	↓	1	0	0
1	0	0	0	1	↓	1	1	—	0	1	↓	0	0	0
1	0	1	0	1	↓	1	1	↓	0	1	↓	0	1	0
1	1	0	0	1	↓	1	1	—	0	1	↓	0	1	0
1	1	1	1	1	↓	1	1	↓	0	1	↓	0	0	0

（4）根据以上内容作出状态图，如图 3-128 所示。从状态图可知，该电路是自启动五进制加法计数器。

【思政小课堂】

我国集成电路产业从无到有，从弱到强，已经在全球集成电路市场占据举足轻重的地位。2020 年，中国集成电路产业全年销售额达到了 8848 亿元，2021 年 1~9 月中国集成电路产业销售额为 6858.6 亿元。随着中国制造 2025、中国互联网+、物联网等国家战略的实施将给集成电路带来巨大的市场需求，集成电路制造业将获得更多的国内市场支撑，预计到 2026 年，集成电路制造业市场规模将达到 7580 亿元。

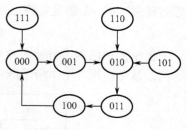

图 3-128　状态图

3.6 习题

1. 已知同步 RS 触发器的初态为 0，当 S、R 和 CP 的波形如图 3-129 所示时，试画出输出端 Q 的波形图。

2. 已知主从 JK 触发器的输入端 CP、J 和 K 的波形如图 3-130 所示，试画出触发器初始状态为 0 时输出端 Q 的波形图。

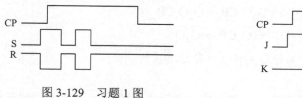

图 3-129　习题 1 图

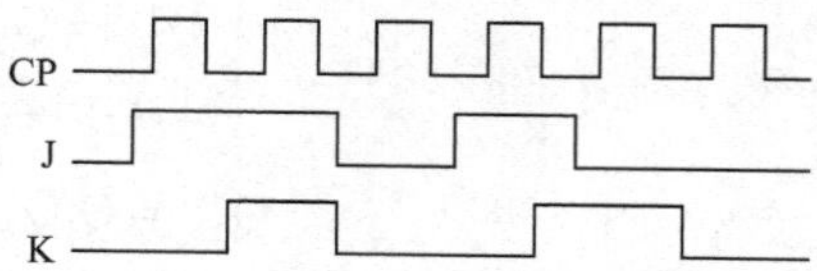

图 3-130　习题 2 图

3. 已知各触发器和它的输入脉冲 CP 的波形如图 3-131 所示，当各触发器初始状态均为 1 时，试画出各触发器输出端 Q 和 $\overline{Q}$ 的波形。

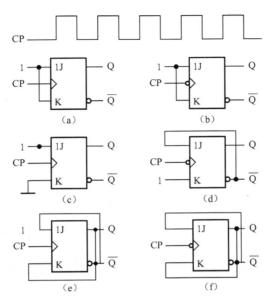

图 3-131　习题 3 图

4. 已知主从 JK 触发器和它的输入端 CP 的波形图如图 3-132 所示，当各触发器的初始状态均为 1 时，试画出输出端 Q_1 和 Q_2 的波形图。若时钟脉冲的频率为 200Hz，输出端 Q_1 和 Q_2 的频率各为多少？

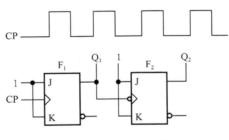

图 3-132　习题 4 图

5. 逻辑电路图如图 3-133（a）所示，输入信号 CP、A 和 B 的波形图如图 3-133（b）所示，设触发器的初始状态为 Q=0。试写出它的特性方程，并画出输出端 Q 的波形。

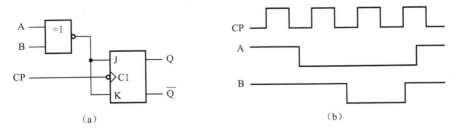

图 3-133　习题 5 图

6. 已知维持阻塞 D 触发器输入端 CP 和 D 的波形图如图 3-134 所示，设触发器的初始状态为 Q=0，试画出输出端 Q 和 $\overline{Q}$ 的波形。

数字电子技术项目仿真与工程实践

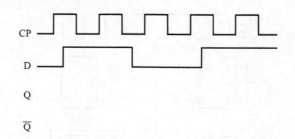

图 3-134　习题 6 图

7．如图 3-135（a）所示，F_1 是 D 触发器，F_2 是 JK 触发器，CP 和 A 的波形如图 3-135（b）所示，设各触发器的初始状态为 Q=0，试画出输出端 Q_1 和 Q_2 的波形。

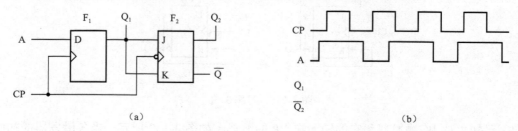

图 3-135　习题 7 图

8．设图 3-136 中各触发器的初始状态皆为 Q=0，画出在 CP 脉冲连续作用下各触发器输出端的波形图。

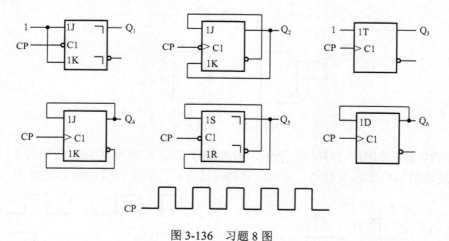

图 3-136　习题 8 图

9．试写出图 3-137（a）中各触发器的次态函数（即 Q_1^{n+1}、Q_2^{n+1} 与现态和输入变量之间的函数式），并画出在图 3-137（b）中给定信号的作用下 Q_1、Q_2 的波形。假定各触发器的初始状态均为 Q=0。

10．图 3-138（a）、（b）分别示出了触发器和逻辑门构成的脉冲分频电路，CP 脉冲如图 3-138（c）所示，设各触发器的初始状态均为 0。

（1）试画出图 3-138（a）中的 Q_1、Q_2 和 F 的波形。

（2）试画出图 3-138（b）中的 Q_3、Q_4 和 Y 的波形。

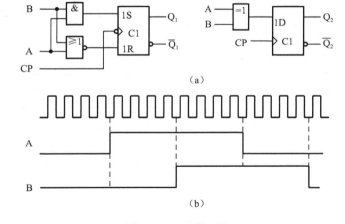

（a）

（b）

图 3-137 习题 9 图

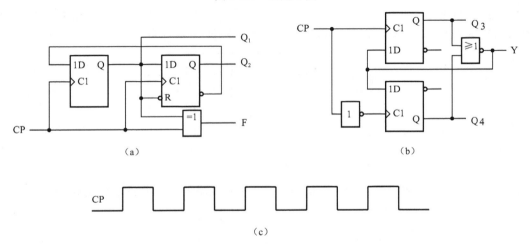

（a）

（b）

（c）

图 3-138 习题 10 图

11．电路如图 3-139 所示，设各触发器的初始状态均为 0。已知 CP 和 A 的波形，试分别画出 Q_1、Q_2 的波形。

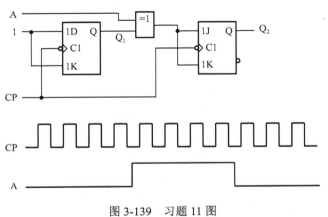

图 3-139 习题 11 图

12. 电路如图 3-140 所示，设各触发器的初始状态均为 0。已知 CP_1、CP_2 的波形，试分别画出 Q_1、Q_2 的波形。

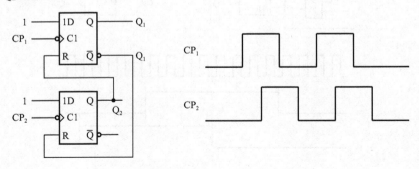

图 3-140　题 12 图

13. 分析图 3-141 所示时序电路的逻辑功能，写出电路的驱动方程、状态方程，设各触发器的初始状态为 0，画出电路的状态转换图，说明电路能否自启动。

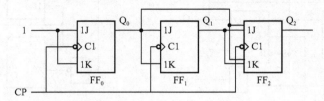

图 3-141　习题 13 图

14. 用 JK 触发器和门电路设计满足图 3-142 所示要求的两相脉冲发生电路。

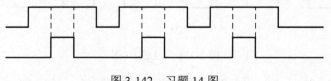

图 3-142　习题 14 图

15. 分析图 3-143 所示电路的逻辑功能，设各触发器的初始状态为 $Q=0$，写出电路的输出方程并画出时序图。

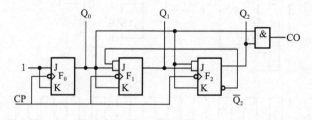

图 3-143　习题 15 图

16. 分析图 3-144 所示电路的逻辑功能，设各触发器的初始状态为 $Q=0$，画出时序图。

17. 分析图 3-145 所示电路的逻辑功能，设各触发器的初始状态为 $Q=0$，写出电路的输出方程并画出时序图。

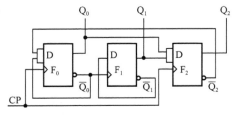

图 3-144　习题 16 图

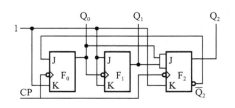

图 3-145　习题 17 图

18．试用边沿 D 触发器设计一个同步十进制计数器。

19．试分别用以下集成计数器设计十二进制计数器。

（1）利用 CT74LS161 的异步清零功能。

（2）利用 CT74LS161 和 CT74LS163 的同步置数功能。

（3）利用 CT74LS290 的异步清零功能。

20．试分别用以下集成计数器设计二十四进制计数器。

（1）利用 CT74LS161 的异步清零功能。

（2）利用 CT74LS163 的同步清零功能。

（3）利用 CT74LS161 和 CT74LS163 的同步置数功能。

（4）利用 CT74LS290 的异步清零功能。

21．试用 CT74LS290 的异步清零功能构成下列计数器。

（1）二十四进制计数器。

（2）六十进制计数器。

（3）七十五进制计数器。

22．电路和输入信号波形如图 3-146 所示，试画出触发器输出端 Q_1、Q_2 和电路输出端 Y 的波形。

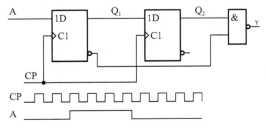

图 3-146　习题 22 图

23．分析图 3-147 所示同步计数器电路，作出状态表和状态图。该计数器是几进制的？能否自启动？

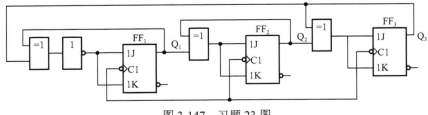

图 3-147　习题 23 图

24．分析图 3-148 所示电路，写出驱动方程、状态方程和输出方程，画出状态图。其中 X 是输入变量。

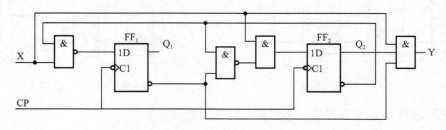

图 3-148　习题 24 图

25．分析图 3-149 所示电路，写出驱动方程、状态方程和输出方程，画出状态图。其中 X 是输入变量。

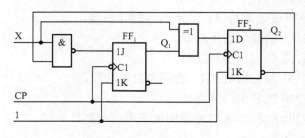

图 3-149　习题 25 图

26．分析图 3-150 所示电路，写出驱动方程、状态方程和输出方程，画出状态图。其中 X 是输入变量。

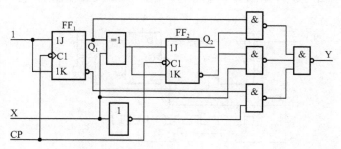

图 3-150　习题 26 图

27．分析图 3-151 所示电路，写出驱动方程、状态方程和输出方程，画出状态图。其中 X 是输入变量，画出 X=101101 时的时序图。

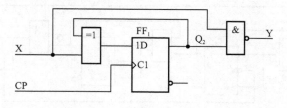

图 3-151　习题 27 图

28．试说明图 3-152 中的计数器是多少进制的。

29．分析图 3-153 所示电路，写出驱动方程，画出状态图。

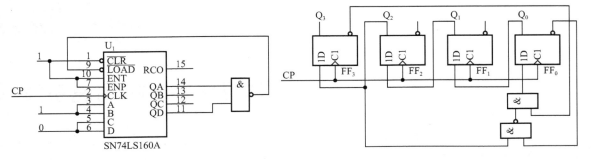

图 3-152　习题 28 图

图 3-153　习题 29 图

30．试说明图 3-154 中的计数器是多少进制的。

31．试说明图 3-155 中的计数器在 A=0 及 A=1 时各是多少进制的。

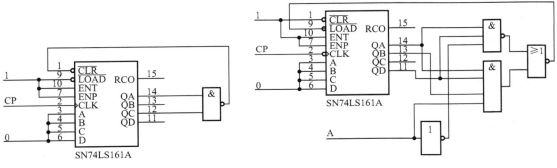

图 3-154　习题 30 图

图 3-155　习题 31 图

32．试说明图 3-156 中的计数器是多少进制的。

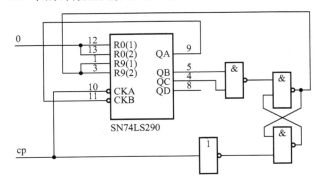

图 3-156　习题 32 图

項目四

数控直流电机调速系统

在现代电子产品中，如自动控制系统、电子仪器设备、家用电器、电子玩具等，直流电机都得到了广泛的应用。大家熟悉的录音机、电唱机、录像机、电子计算机、工业设备等，都不能缺少直流电机。数控直流电机调速系统通过按键选择电机的运行速度，同时输入数码显示部分和 D/A 转换部分以实现电动机的调速。本项目中的数模转换模块选择 DAC0832 数模转换器，通过按键选择直流电机的速度值，同时将按键输入的数字信号转换成模拟信号，然后通过集成运放、场效应管和数码管等进行信号的处理和显示。

【项目学习目标】
❖ 能认识项目中元器件的符号
❖ 能认识、检测及选用元器件
❖ 能查阅元器件手册并根据手册进行元器件的选择和应用
❖ 能分析电路的原理和工作过程
❖ 能对数控直流电机调速电路进行仿真分析和验证
❖ 能制作和调试数控直流电机调速电路
❖ 能文明操作，遵守实训室管理规定
❖ 能相互协作完成技术文档并进行项目汇报

【项目任务分析】
➢ 学习和查阅相关元器件的技术手册进行元器件的检测，完成项目元器件检测表
➢ 通过对相关专业知识的学习，分析项目电路工作原理，完成项目原理分析表
➢ 在 Proteus 软件中进行项目的仿真分析和验证，完成仿真分析表
➢ 按照安装工艺的要求进行项目装配，装配完成后对本项目进行调试，并完成调试表
➢ 撰写项目制作与调试报告
➢ 项目完成后进行展示汇报及作品互评，完成项目评价表

【项目电路组成】
数控直流电机调速系统电路主要由速度输入电路、数模转换电路、电机控制电路和译码显示电路组成，电路组成框图如图 4-1 所示，项目的总电路原理图如图 4-2 所示。

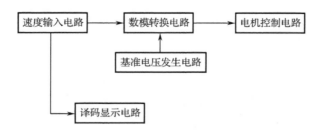

图 4-1 数控直流电机调速系统电路组成框图

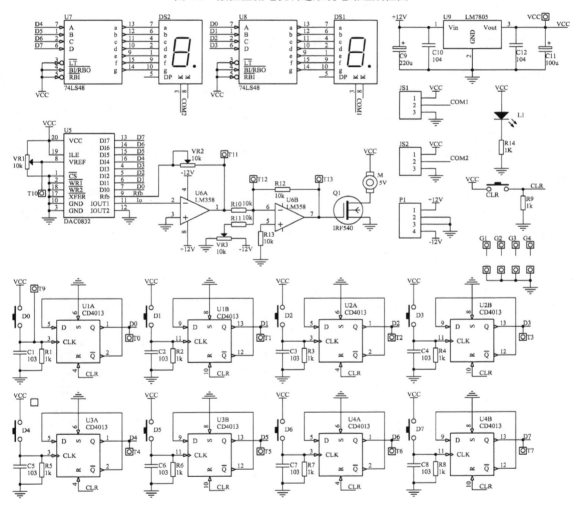

图 4-2 数控直流电机调速系统电路原理图

任务 1 数控直流电机调速工作原理分析

【学习目标】

（1）能认识常用的元器件符号。

（2）能分析数控直流电机调速系统电路的组成及工作过程。

（3）能对数控直流电机调速系统进行仿真。

【工作内容】

（1）认识集成稳压块、数字芯片和放大器等元器件符号。

（2）对组成模块的电路进行分析和参数计算。

（3）对数控直流电机调速系统电路进行仿真分析。

子任务1　认识电路中的元器件

1. 数模转换器（DAC0832）电气符号与封装

DAC0832 是一种相当普遍且成本较低的数模转换器。该器件是一个 8 位转换器，它将一个 8 位的二进制数转换成模拟电压，可产生 256 种不同的电压值。

DAC0832 转换器的内部结构和外部引脚图如图 4-3 所示，DAC0832 具有双缓冲功能，输入数据可分别经过两个锁存器保存。第一个是保持寄存器，第二个锁存器与 D/A 转换器相连。DAC0832 中的锁存器的门控端 G 输入为逻辑 1 时，数据进入锁存器；而当 G 输入为逻辑 0 时，数据被锁存。

DAC0832 具有一组 8 位数据线 $D_0 \sim D_7$，用于输入数字量。一对模拟输出端 I_{OUT1} 和 I_{OUT2} 用于输出与输入数字量成正比的电流信号，外部连接由运算放大器组成的电流/电压转换电路。转换器的基准电压输入端为 V_{REF}，基准电压一般为-10V～+10V。

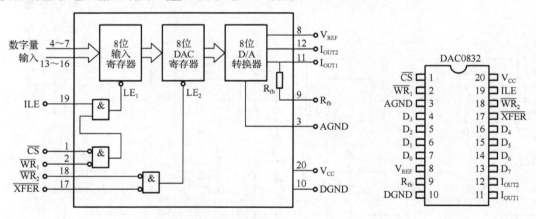

图 4-3　DAC0832 的内部结构和引脚图

2. DAC0832 的主要技术指标

- 电源电压：　　　　+5V～+15V
- 分辨率：　　　　　8 位
- 工作方式：　　　　双缓冲、单缓冲和直通方式
- 电流建立时间：　　1μs
- 非线性误差：　　　0.002FSB（FSB：满量程）
- 逻辑电平输入：　　与 TTL 电平兼容

- 功耗：　　　　　　　　20mW

3. DAC0832 各引脚的功能

- $D_0 \sim D_7$：　　　　　8 位数据输入端，TTL 电平。
- ILE：　　　　　　　允许输入数据锁存，高电平有效。
- $\overline{CS}$：　　　　　　　片选信号输入端，低电平有效。
- $\overline{WR_1}$、$\overline{WR_2}$：　　　两个写入命令输入端，低电平有效。
- $\overline{XFER}$：　　　　　　传送控制信号，低电平有效。
- I_{OUT1} 和 I_{OUT2}：　　　互补的电流输出端。当输入数据全 0 时，I_{OUT1}=0；当输入数据全 1 时，I_{OUT1} 最大；$I_{OUT1}+I_{OUT2}$=常数。
- R_{fb}：　　　　　　　反馈电阻，15kΩ，被制作在芯片内，与外接的运算放大器配合构成电流/电压转换电路。
- V_{REF}：　　　　　　转换器的基准电压，电压范围为-10V～+10V。
- VCC：　　　　　　工作电源输入端，+5V～+15V。
- AGND：　　　　　模拟地，模拟电路接地点。
- DGND：　　　　　数字地，数字电路接地点（为减小误差和干扰，数字地和模拟地可分别接地）。

4. DAC0832 的应用

DAC0832 有三种不同的工作方式。

1）直通方式

当 ILE 接高电平，CS，$\overline{WR_1}$、$\overline{WR_2}$ 和 $\overline{XFER}$ 都接数字地时，DAC 处于直通方式，如图 4-4 所示。8 位数字量一旦到达 $D_0 \sim D_7$ 输入端，就立即加到 D/A 转换器，被转换成模拟量。在 D/A 实际连接中，要注意区分"模拟地"和"数字地"的连接，为了避免信号串扰，数字量部分只能连接到数字地，而模拟量部分只能连接到模拟地。这种方式可用于不采用微机的控制系统中。

2）单缓冲方式

单缓冲方式是将一个锁存器处于缓冲方式，另一个锁存器处于直通方式，输入数据经过一级缓冲送入 D/A 转换器，如图 4-5 所示。如把 $\overline{WR_2}$ 和 $\overline{XFER}$ 都接地，使寄存锁存器 2 处于直通状态，ILE 接+5V，$\overline{WR_1}$ 接 CPU 系统总线的 $\overline{IOW}$ 信号，$\overline{CS}$ 接端口地址译码信号，这样 CPU 可执行一条 OUT 指令，使 $\overline{CS}$ 和 $\overline{WR_1}$ 有效，写入数据并立即启动 D/A 转换。

3）双缓冲方式

即数据通过两个寄存器锁存后再送入 D/A 转换电路，执行两次写操作才能完成一次 D/A 转换，如图 4-6 所示。这种方式可在 D/A 转换的同时，进行下一个数据的输入，以提高转换速度。更为重要的是，这种方式特别适用于系统中含有两片及以上的 DAC0832，且要求同时输出多个模拟量的场合。

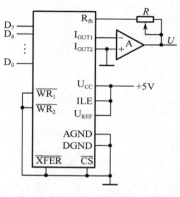

图 4-4　直通方式

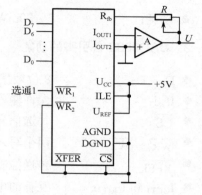

图 4-5　单缓冲方式

5. DAC0832 输出电压的计算

DAC0832 的输出是电流，有两个电流输出端（I_{OUT1} 和 I_{OUT2}），它们的和为一常数。使用运算放大器，可以将 DAC0832 的电流输出线性地转换成电压输出。根据运放和 DAC0832 的连接方法，运放的电压输出可以分为单极型和双极型两种。图 4-4 就是一种单极型电压输出电路。

图 4-4 中，DAC0832 的 I_{OUT2} 被接地，I_{OUT1} 接运放 LM358 的反相输入端，LM358 的正相输入端接地。运放的输出电压 V_{out} 之值等于 I_{OUT1} 与 R_{fb} 之积，V_{out} 的极性与 DAC0832 的基准电压 V_{REF} 极性相反，$V_{out} = -[V_{REF} \times （输入数字量的十进制数)]/256$。如果在单极型输出的线路中再加一个放大器，即可构成双极型输出线路。

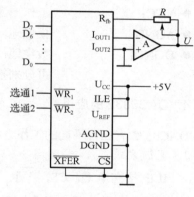

图 4-6　双缓冲方式

子任务 2　电路原理

如图 4-2 所示为数控直流电机调速系统电路原理图，从图中我们可以看出该系统由速度输入和显示译码电路、数模转换和电机控制电路所组成，下面对这几部分电路进行分析。

1. 速度输入和显示译码电路

速度输入电路主要由 D 触发器和按键组成，如图 4-7 所示，利用两组四个按键对电机的运行速度进行选择，显示译码电路如图 4-8 所示，电机的速度由两个显示译码器分别显示，显示字符为 16 进制。按键每按一次，D 触发器的输出状态就翻转一次，随着触发器状态的翻转，7 段显示译码器的输出状态也跟着发生变化。电路由两组速度输入和显示译码电路组成，功能完全一样，因此以一组为例，按键状态和显示译码器状态的对应表见表 4-1 所示。

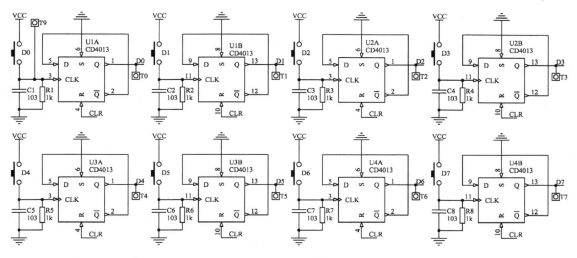

图 4-7　速度输入电路

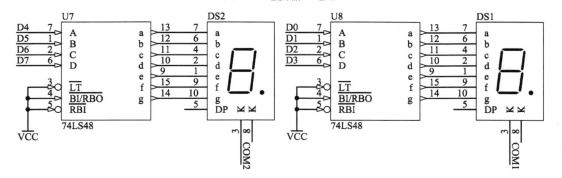

图 4-8　显示译码电路

表 4-1　按键状态和显示译码器状态的对应表

按键输入				显示译码器输出状态							显示字符
D3	D2	D1	D0	a	b	c	d	e	f	g	
0	0	0	0	1	1	1	1	1	1	0	
0	0	0	1	0	1	1	0	0	0	0	
0	0	1	0	1	1	0	1	1	0	1	
0	0	1	1	1	1	1	1	0	0	1	
0	1	0	0	0	1	1	0	0	1	1	
0	1	0	1	1	0	1	1	0	1	1	
0	1	1	0	1	0	1	1	1	1	1	
0	1	1	1	1	1	1	0	0	0	0	
1	0	0	0	1	1	1	1	1	1	1	
1	0	0	1	1	1	1	0	0	1	1	
1	0	1	0	0	0	1	1	0	0	1	
1	0	1	1	0	0	1	1	0	0	1	

续表

按键输入				显示译码器输出状态							显示字符
D3	D2	D1	D0	a	b	c	d	e	f	g	
1	1	0	0	0	1	1	0	0	1	1	
1	1	0	1	1	0	0	1	0	1	1	
1	1	1	0	0	0	0	1	0	1	1	
1	1	1	1	0	1	1	0	0	0	0	

2. 数模转换和电机控制电路

数模转换和电机控制电路如图 4-9 所示，电路的主体是数模转换器 DAC0832。DAC0832 以直通方式连接，一旦按键选择完毕以后，就立刻将所输入的数字信号转换成相应的模拟信号。输出的模拟信号首先通过集成运放 LM358，将输出电流转换为输出电压，然后再将模拟电压量送入场效应管 Q1，经场效应管放大后驱动直流电机，并通过输入电压数值的不同对直流电机的转速进行控制。

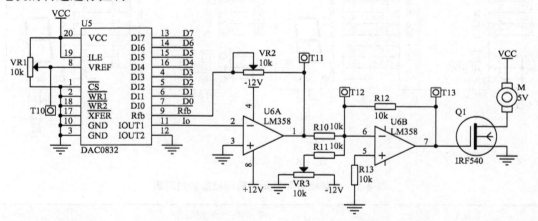

图 4-9 数模转换和电机控制电路

DAC0832 的基准电压 V_{REF} 可以通过电位器 VR1 进行调节，调节范围为（0V，5V）。第一级运算放大器 LM358 与 DAC0832 构成单极性输出，输出电压可以通过电位器 VR2 调节，输出电压的调节范围为（（$-255 \cdot V_{R2} \cdot V_{REF}/256$）V，0V）。第二级运算放大器 LM358 与前续电路构成双极性输出，输出电压可以通过电位器 VR3 调节，输出电压的调节范围为（-12V，（$255 \cdot V_{R2} \cdot V_{REF}/256$）V）。

任务2 数控直流电机调速系统电路项目仿真分析与验证

【学习目标】

（1）能对数控直流电机调速系统电路通过 Proteus 软件进行绘制和仿真。

（2）能分析和验证电路的工作流程和实现方法。

（3）能对各关键点的信号进行分析和检测。

（4）遇到电路故障时能够分析、判断和排除故障。

【工作内容】

（1）通过 Proteus 软件对各模块电路进行绘制、仿真。

（2）通过软件仿真完成对功能的验证。

（3）分析和测试各关键点信号。

（4）分析和排除故障。

子任务 1　速度输入和数码显示电路仿真

1. 绘制电路图

在 Porteus 软件中完成如图 4-10 和图 4-11 所示数控直流电机调速系统电路的仿真电路，完成仿真分析相应的检测表。

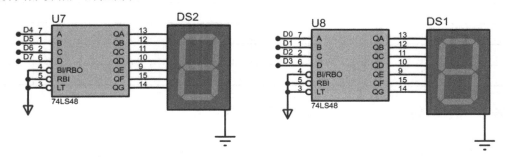

图 4-10　显示译码器和数码管电路仿真图

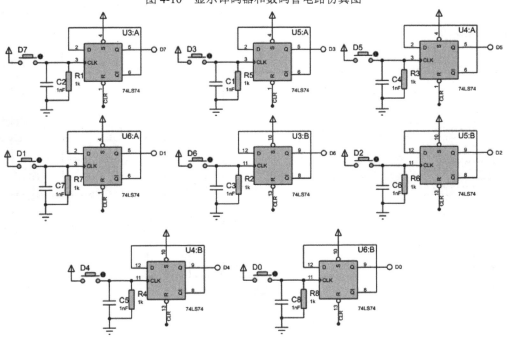

图 4-11　速度输入电路调试仿真电路图

2. 仿真记录

启动仿真，依次按下按键 D7～D0，观察触发器的输出状态和数码管的显示字符，将仿真结果填写在表 4-2 中。

表 4-2　速度输入和数码显示电路仿真记录表

触发器输出状态									数码显示	
D7	D6	D5	D4	D3	D2	D1	D0		DS2	DS1

子任务 2　数模转换和直流电机控制电路仿真

1. 绘制电路图

在 Porteus 软件中完成如图 4-12 所示数模转换和直流电机控制电路的仿真电路，完成仿真分析相应的检测表。

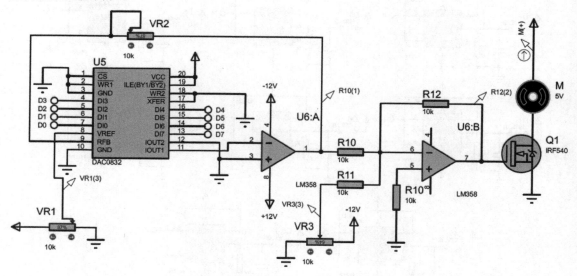

图 4-12　数模转换和直流电机控制电路仿真图

2. 仿真记录

启动仿真,选择输入 D7~D0 为 00000000,调整 VR1、VR2 和 VR3 将各点电压结果填写在表 4-3 中。

表 4-3　数模转换和直流电机控制电路仿真记录表一

			V_{REF}(V_{VR1})	V_{R10}	V_{VR3}	V_{R12}	V_{M+}
VR1=0 Ω	VR2=0 Ω	VR3=0 Ω					
		VR3=10k Ω					
	VR2=10k Ω	VR3=0 Ω					
		VR3=10k Ω					
VR1=10k Ω	VR2=0 Ω	VR3=0 Ω					
		VR3=10k Ω					
	VR2=10k Ω	VR3=0 Ω					
		VR3=10k Ω					

按下 CLR 清零,重新选择输入 D7~D0 为 11111111,调整 VR1、VR2 和 VR3 将各点电压结果填写在表 4-4 中。

表 4-4　数模转换和直流电机控制电路仿真记录表二

			V_{REF}(V_{VR1})	V_{R10}	V_{VR3}	V_{R12}	V_{M+}
VR1=0 Ω	VR2=0 Ω	VR3=0 Ω					
		VR3=10k Ω					
	VR2=10k Ω	VR3=0 Ω					
		VR3=10k Ω					
VR1=10k Ω	VR2=0 Ω	VR3=0 Ω					
		VR3=10k Ω					
	VR2=10k Ω	VR3=0 Ω					
		VR3=10k Ω					

子任务 3　综合仿真

1. 绘制电路图

在 Porteus 软件中完成如图 4-13 所示数控直流电机调速系统仿真电路,完成仿真分析相应的检测表。

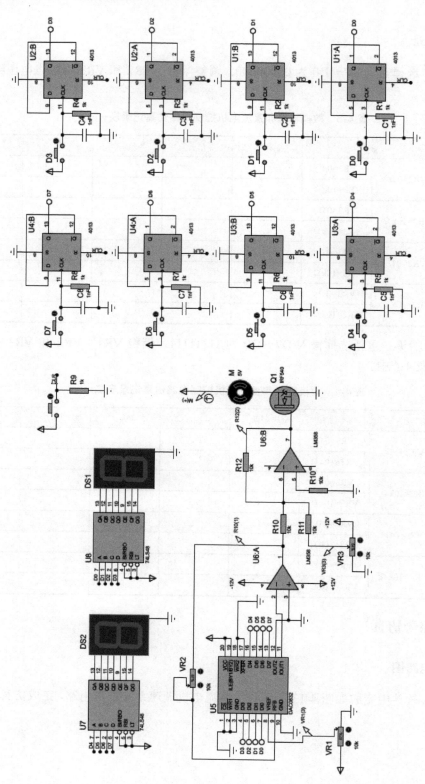

图4-13　数控直流电机调速系统仿真总电路图

2. 仿真记录

启动仿真，通过按下不同的按键，观察数码管的显示值，测试数模转换和直流电机控制电路是否工作正常。将各电位器均调至中点，测量并记录数码显示字符和电机控制电路各点电压，完成表 4-5。

表 4-5　综合仿真记录表

数码显示字符		V_{REF}（V_{VR1}）	V_{R10}	V_{VR3}	V_{R12}	V_{M+}
DS2	DS1					

调整按键输入和电位器，测量并写出直流电机控制电压 V_{R12} 的最大值和最小值。

V_{R12}：　最大值：＿＿＿＿＿＿＿＿＿

　　　　最小值：＿＿＿＿＿＿＿＿＿

任务 3　数控直流电机调速系统电路元器件的识别与检测

【学习目标】

（1）能对电阻、电位器、电容和按键进行识别和检测。

（2）能检测发光二极管和场效应管的好坏与性能。

（3）能识别检测数码管的类型和好坏。

（4）能识别运算放大器和集成稳压块的引脚及型号。

（5）能识别项目中所用到的数字芯片的引脚及型号。

【工作内容】

（1）通过色环或元器件上的标示识别电阻、电位器、电容的参数，并用万用表进行检测。

（2）用万用表检测发光二极管和场效应管的好坏与性能。

（3）检测数码管的类型和好坏。

（4）识别运算放大器和集成稳压块的引脚及型号。

（5）识别数字芯片的引脚及型号。

（6）填写识别检测报告。

子任务 1　阻容类元件的识别与检测

根据以前所学知识，对本项目所用到的电阻、按键、电容元器件进行识别，借助测量工具对这些器件进行测量并判断其好坏，完成检测表 4-6。

子任务 2　晶体管类元件识别与检测

根据以前所学知识，识别本项目所用的场效应管和数码管，用万用表测量其质量并判断好坏，完成表 4-7。

表 4-6　阻容元件检测表

元件	电气符号	类型	封装	标示值	参数	测量值	好/坏	数量
电容								
电阻								
按键								

表 4-7　晶体管类元件检测表

元件	电气符号	类型	封装	标示值	引脚分布	测量值	好/坏	数量
场效应管								
数码管								

子任务 3　芯片的识别

识别本项目中所用到的芯片，将识别结果记录在表 4-8 中。

表 4-8　芯片识别表

元件	封装	标示值	引脚定义	数量
DAC0832				
LM358				
74LS48				
CD4013				

任务4　数控直流电机调速系统电路的装配与调试

【学习目标】

（1）能够对数控直流电机调速系统电路按工艺要求进行装配。

（2）能够调试数控直流电机调速系统电路，使其正常工作。

（3）能够写出调试报告。

【工作内容】

（1）装配数控直流电机调速系统电路。

（2）调试数控直流电机调速系统电路。

（3）撰写调试报告。

实施前准备：

（1）常用电子装配工具。

（2）万用表、双路输出直流稳压源。

（3）配套元器件与 PCB 板，元器件清单见表 4-9。

表 4-9　数控直流电机调速模块元器件清单

标号	参数	封装	数量
C1, C2, C3, C4, C5, C6, C7, C8	103	RAD0.1	8
C9	220 μ	rb.2/.4-8	1
C10, C12	104	RAD	2
C11	100 μ	rb.2/.4-8	1
CLR, D0, D1, D2, D3, D4, D5, D6, D7	SW-PB	KEY66	9
DS1, DS2	Dpy Red-CC	7SEG0.5-1	2
G1, G2, G3, G4	PROB	GUDINGKONG	4
G5, G6, G7, G8	GND	SIP1	4
JS1, JS2	Header 3	0805-3	2
L1	LED0	LED	1
M	5V	3.96V	1
P1	Header 4	HT3.96-4P	1
Q1	IRF540	TO220H	1
R1, R2, R3, R4, R5, R6, R7, R8, R9, R14	1k	AXIAL0.3	10
R10, R11, R12, R13	10k	AXIAL0.3	4
U1, U2, U3, U4	CD4013	DIP-14	4
U5	DAC0832	DIP20	1
U6	LM358	DIP-8	1
U7, U8	74LS48	dip-16	2
U9	LM7805	TO220H	1

续表

标号	参数	封装	数量
VCC	PROB	SIP1	1
VR1, VR2, VR3	10k	VR55	3

子任务 1　电路元器件的装配与布局

1. 元器件的布局

数控直流电机调速系统元器件的布局如图 4-14 所示。

2. 元器件的装配工艺要求

（1）电阻采用水平安装方式，电阻体紧贴 PCB 板，色环电阻的色环标志顺序一致（水平方向左侧为第一环，垂直方向上侧为第一环）。

（2）电位器插到底，不能倾斜，三只脚均需要焊接。

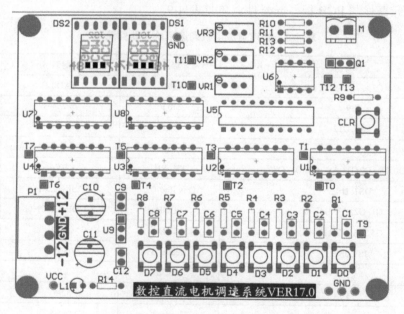

图 4-14　数控直流电机调速系统元器件布局图

（3）电容采用垂直安装方式，底面紧贴 PCB 板，安装电解电容时注意正负极性。

（4）集成电路为了后期的维修与更换方便，安装底座时要注意方向，缺口要和封装上的缺口一致。

（5）安装数码管时要注意方向，小数点在下方。

（6）场效应管的底面距离 PCB 板 5mm 左右。

（7）接线端子与电源端子底面紧贴 PCB 板安装。

（8）发光二极管底面紧贴 PCB 板安装，注意极性不能装反。

3. 操作步骤

（1）按工艺要求安装色环电阻。
（2）按工艺要求安装集成电路底座、按键和瓷片电容。
（3）按工艺要求安装接线端子与电源端子。
（4）按工艺要求安装发光二极管、场效应管和电位器。
（5）按工艺要求安装电解电容。
（6）按工艺要求安装数码管。

子任务 2　制作数控直流电机调速系统电路

按要求制作数控直流电机调速系统电路，并撰写制作报告。
制作时要对安装好的元件进行手工焊接，并检查焊点质量。

子任务 3　调试数控直流电机调速系统电路

1. 断电检测

用万用表的短路挡分别检测+12V、-12V 电源和 GND 之间是否短路，并记录检测值到表 4-10 中。

表 4-10　断电检测记录表

检测内容	+12V 与 GND	-12V 与 GND
检测值		

2. 供电电压检测

在 P1 端子上接入+12V 电源和-12V 电源，注意极性不能接反。电源接通后用万用表直流电压挡对系统和芯片所需要的供电电压进行测量并记录在表 4-11 中。

表 4-11　供电电压检测记录表

测量内容	+12V 电源	-12V 电源	U1-6 (CD4013)	U2-6 (CD4013)	U3-6 (CD4013)	U4-6 (CD4013)
测量值/V						
测量内容	U5-3 (DAC0832)	U5-20 （DAC0832）	U6-4 (LM358)	U6-8 (LM358)	U7-5 (74LS48)	U8-5 (74LS48)
测量值/V						
测量内容	U9-1 (LM7805)	U9-2 (LM7805)	U9-3 (LM7805)			
测量值/V						

3. 速度输入和显示译码电路调试

接通电源，按下按键 D0，用万用表测量 T9 的电压是否为+5V，通过 T9 的电压判断按键输入功能是否正常。按照仿真结果，依次按下按键 D7～D0，用万用表测量 T0～T7 的电压，并观察数码管的显示值，将结果填写在表 4-12 中。

表 4-12   速度输入和显示译码电路调试记录表

T0～T7 的电压								数码显示	
T7	T 6	T 5	T 4	T 3	T 2	T 1	T 0	DS2	DS1

4. 数模转换和电机控制电路调试

接上一步，选择输入 D7～D0 为 00000000，调整 VR1、VR2 和 VR3，将各点电压结果填写在表 4-13 中。

表 4-13   数模转换和直流电机控制电路仿真记录表

			T10	T11	T12	T13	V_{M+}
VR1=0Ω	VR2=0Ω	VR3=0Ω					
		VR3=10kΩ					
	VR2=10kΩ	VR3=0Ω					
		VR3=10kΩ					
VR1=10kΩ	VR2=0Ω	VR3=0Ω					
		VR3=10kΩ					
	VR2=10kΩ	VR3=0Ω					
		VR3=10kΩ					

按下 CLR 清零，重新选择输入 D7～D0 为 11111111，调整 VR1、VR2 和 VR3 将各点电压结果填写在表 4-14 中。

表 4-14　数模转换和直流电机控制电路仿真记录表

			T10	T11	T12	T13	V_{M+}
VR1=0 Ω	VR2=0 Ω	VR3=0 Ω					
		VR3=10k Ω					
	VR2=10k Ω	VR3=0 Ω					
		VR3=10k Ω					
VR1=10k Ω	VR2=0 Ω	VR3=0 Ω					
		VR3=10k Ω					
	VR2=10k Ω	VR3=0 Ω					
		VR3=10k Ω					

5.　综合调试

按下 CLR 清零，将各电位器均调至中点，依次按下按键 D7～D0，观察数码管的显示值，测量并记录数码显示字符和电机控制电路各点电压，完成表 4-15。

表 4-15　综合调试记录表

数码显示字符		V_{REF}（V_{VR1}）	V_{R10}	V_{VR3}	V_{R12}	V_{M+}
DS2	DS1					

调整按键输入和电位器，测量并记录直流电机控制电压 V_{R12} 的最大值和最小值。

V_{R12}：　最大值为＿＿＿＿＿＿＿＿＿＿

　　　　最小值为＿＿＿＿＿＿＿＿＿＿

任务 5　项目汇报与评价

【学习目标】

（1）能汇报项目的制作与调试过程。

（2）能对别人的作品与制作过程做出客观的评价。

（3）能够撰写制作调试报告。

【工作内容】

（1）对自己完成的项目进行汇报。

（2）客观地评价别人的作品与制作过程。

（3）撰写技术文档。

子任务 1　汇报制作与调试过程

1. 汇报内容

（1）演示制作的项目作品。

（2）讲解项目电路的组成及工作原理。

（3）讲解项目方案制定及选择的依据。

（4）与大家分享制作、调试中遇到的问题及解决方法。

2. 汇报要求

（1）边演示作品边讲解主要性能指标。

（2）讲解时要制作 PPT。

（3）要重点讲解制作、调试中遇到的问题及解决方法。

子任务 2　对其他人的作品进行客观评价

1. 评价内容

（1）演示的结果。

（2）性能指标。

（3）是否文明操作、遵守实训室的管理规定。

（4）项目制作与调试过程中是否有独到的方法或见解。

（5）是否能与其他人团结协作。

具体评价标准参考项目评价表（表 4-16）。

2. 评价要求

（1）评价要客观公正。

（2）评价要全面细致。

（3）评价要认真负责。

表4-16　项目评价表

评价要素	评价标准	评价依据	评价方式（各部分所占比重）			权重
			个人	小组	教师	
职业素养	（1）文明操作，遵守实训室的管理规定 （2）能与其他人团结协作 （3）自主学习，按时完成工作任务 （4）工作积极主动，勤学好问 （5）遵守纪律，服从管理	（1）工具的摆放是否规范 （2）仪器、仪表的使用是否规范 （3）工作台的整理情况 （4）项目任务书的填写是否规范 （5）平时的表现 （6）制作的作品	0.3	0.3	0.4	0.3
专业能力	（1）掌握规范的作业流程 （2）熟悉模块电路的组成及工作原理 （3）能独立完成电路的制作与调试 （4）能够选择合适的仪器、仪表进行调试 （5）能对制作与调试工作进行评价与总结	（1）操作规范 （2）专业理论知识：课后题、项目技术总结报告及答辩 （3）专业技能：完成的作品、完成的制作与调试报告	0.2	0.2	0.6	0.6
创新能力	（1）在项目分析中提出自己的见解 （2）对项目教学提出的建议或意见具有创新性 （3）独立完成检修方案，并且设计合理	（1）提出创新性见解 （2）提出的意见和建议被认可 （3）好的方法被采用 （4）在设计报告中有独特见解	0.2	0.2	0.6	0.1

子任务3　撰写技术文档

1. 技术文档的内容

（1）项目方案的选择与制定。

① 方案的制定。

② 元器件的选择。

（2）项目电路的组成及工作原理。

① 分析电路的组成及工作原理。

② 元器件清单与布局图。

（3）元器件的识别与检测。

（4）项目收获。

（5）项目制作与调试过程中所遇到的问题。

（6）所用到的仪器与仪表。

2. 要求

（1）内容全面、翔实。
（2）填写相应的元器件检测表。
（3）填写相应的调试表。

【知识链接】

数字电路和计算机只能处理数字信号，而不能处理模拟信号。但是实际的物理量，例如温度、压力、位移、音频和视频信号，大多是模拟信号。如果想要对这些信息进行处理和传输，就需要将它们转换成相应的数字信号。同时，在处理和传输完之后，还需要将这些转换信号重新恢复成模拟信号，这样才能被人类识别和使用。又例如，生活中有大量的执行元件是需要模拟信号去控制和驱动的，如数字机床。因此，数模转换和模数转换在现代电子技术、计算机技术和自动化控制中是必不可少的。

4.1 模数转换

4.1.1 模数转换基本概念

1. 定义

模拟信号（Analog Signal）：时间和幅度均连续变化的信号。
数字信号（Digital Signal）：时间和幅度离散且按一定方式编码后的脉冲信号。
将模拟信号转换为相应的数字信号称为模数转换，简称为 A/D 转换。
A/D 转换输出与输入关系可表示为：

$$D_{out} = A_{in} / (V_{REF} / 2^n)$$

即 A/D 转换是将输入信号 A_{in} 与其所能分辨的最小电压增量 $V_{REF}/2^n$ 相比较，得到与输入模拟量对应的倍数（取整）。

以 3 位 A/D 转换器（ADC）为例，如图 4-15 所示。

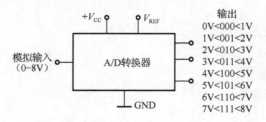

图 4-15　3 位 A/D 转换器

2. 模数转换器的组成

图 4-16 所示为模数转换器的组成框图，A/D 转换是将模拟信号转换为数字信号，转换过程通过采样、保持、量化和编码四个步骤完成。

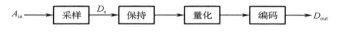

图 4-16 ADC 转换器的组成

1）采样和采样定理

和数字信号相比，模拟信号是随时间连续变化的，如果对其中某一时刻的信号进行 A/D 转换，需要首先将该时刻的数值进行采样。因此，A/D 转换周期性地将输入模拟值转换成与其大小对应的数字量，该过程称为采样。如图 4-17（a）所示，$U_i(t)$ 为输入的模拟信号，$S(t)$ 为采样脉冲，$U_s(t)$ 为采样输出信号。经过采样以后，连续的模拟信号已经转化为了离散的数字信号。如图 4-17（b）所示，采样信号 $S(t)$ 的频率越高，取得的信号越能够真实地复现输入的模拟信号，因此，合理的采样频率，由采样定理确定。

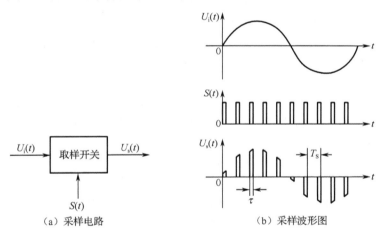

（a）采样电路   （b）采样波形图

图 4-17 采样过程

采样定理：设采样信号 $S(t)$ 的频率为 f_s，输入模拟信号 $U_i(t)$ 的最高频率分量的频率为 f_{imax}，则 f_s 与 f_{imax} 必须满足下面的关系：

$$f_s \geqslant 2f_{imax}$$

一般取 $f_s = (3 \sim 5)f_{imax}$。

2）保持

将采样所得的信号转化为数字信号往往需要一定的时间，故采样输出信号在 A/D 转换期间应保持不变，否则 A/D 转换将出错，因此需要保持电路将采样电路的输出维持一段时间。一般来说，采样与保持过程同时完成。简单的采样保持电路如 图 4-18 所示，MOS 管 T 为采样门，高质量的电容 C_H 为保持元件，高输入阻抗的运放 A 作为电压跟随

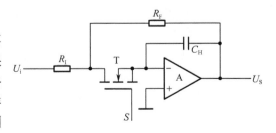

图 4-18 采样保持电路

器，起缓冲隔离和增强负载能力的作用，S 为采样脉冲，控制 MOS 管 T 的导通或关断。

3）量化

数字信号不仅仅在时间上是离散的，而且在幅度上也是离散的，因此任何数字量只能是某个最小数量单位的整数倍，量化就是将采样保持电路得到的数值连续的模拟信号转换为相应的数字信号。最小数量单位 Δ 称为量化单位，量化单位 Δ 是数字信号最低位为 1 时所对应的模拟量，即 1LSB。LSB 值越小，量化级越多，与模拟量所对应的数字量的位数就越多，反之，LSB 值越大，量化级越少，与模拟量所对应的数字量的位数就越少。由于被采样电压是连续的，它的值不一定都能被 Δ 整除，所以，在量化过程中不可避免地存在误差，称为量化误差，用 ε 表示。ε 属于理论误差，它是无法消除的。

4）编码

将量化后的结果用二进制码或其他代码表示出来的过程称为编码，经编码输出的代码，就是 A/D 转换器的转换结果，也就是 A/D 转换的输出信号。

3. 模/数转换器（ADC）的主要性能参数

1）分辨率

它表明 A/D 转换对模拟信号的分辨能力，由它确定能被 A/D 转换辨别的最小模拟量的变化。一般来说，A/D 转换器的位数越多，其分辨率则越高。实际的 A/D 转换器，通常为 8，10，12，16 位等。

2）量化误差

在 A/D 转换中由于整量化产生的固有误差。量化误差在 ±1/2LSB（最低有效位）之间。

例如：一个 8 位的 A/D 转换器，它把输入电压信号分成 2^8=256 层，若它的量程为 0～5V，那么，量化单位 q 为：

$$q = \frac{\text{电量的测量范围}}{2^n} = \frac{5.0\text{V}}{256} \approx 0.0195\text{V} = 19.5\text{mV}$$

q 正好是 A/D 转换输出的数字量中最低位 LSB=1 时所对应的电压值。因而，这个量化误差的绝对值是转换器的分辨率和满量程范围的函数。

3）转换时间

转换时间是 A/D 转换完成一次转换所需要的时间。一般转换速度越快越好，常见有高速（转换时间<1μs）、中速（转换时间<1ms）和低速（转换时间<1s）。

4）绝对精度

对于 A/D 转换器，绝对精度指的是对应于一个给定模拟量，A/D 转换器的误差。其误差大小由实际模拟量输入值与理论值之差来度量。

5）相对精度

对于 A/D 转换，相对精度指的是满度值校准以后，任一数字输出所对应的实际模拟输入值（中间值）与理论值（中间值）之差。例如，对于一个 8 位 0～+5V 的 A/D 转换器，如果其相对误差为 1LSB，则其绝对误差为 19.5mV，相对误差为 0.39%。

4. A/D 转换器的种类

A/D 转换器按信号转换形式可分为直接 A/D 型和间接 A/D 型，直接 A/D 转换器将模拟信号直接转化为数字信号，这类 A/D 转换器具有较快的转换速度，典型电路有并联比较型 A/D 转换器、逐次比较型 A/D 转换器。而间接 A/D 转换器先将模拟信号转化为某一中间量（时间或频率），再将中间量转化为数字量输出，此类 A/D 转换器的速度较慢，典型电路有双积分型 A/D 转换器、电压频率转换型 A/D 转换器。

4.1.2　并联比较型 A/D 转换器

1. 电路组成

以 3 位并联比较型 A/D 转换器为例，如图 4-19 所示，它由电阻分压器、电压比较器、寄存器和代码转换器组成。分压器将基准电压分为 $\frac{V_{REF}}{15}$、$\frac{3V_{REF}}{15}$、$\cdots$、$\frac{11V_{REF}}{15}$、$\frac{13V_{REF}}{15}$ 等不同电压值，分别作为比较器 $C_1 \sim C_7$ 的参考电压。输入电压为 v_i 的大小决定各比较器的输出状态，例如，当 $0 \leqslant v_i \leqslant \frac{V_{REF}}{15}$ 时，$C_1 \sim C_7$ 的输出状态都为 0，当 $\frac{3V_{REF}}{15} \leqslant v_i \leqslant \frac{5V_{REF}}{15}$ 时，比较器 C_6 和 C_7 的输出等于 1，其余各比较器的状态均为 0。比较器的输出状态由 D 触发器存储，经代码转换器编码，得到数字信号输出。

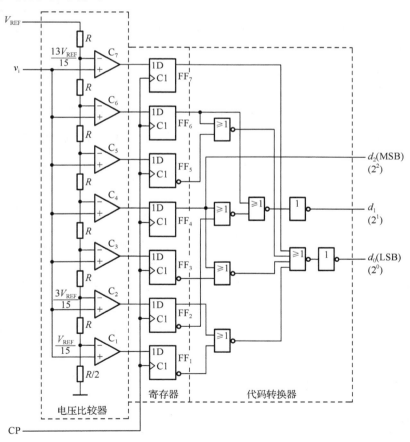

图 4-19　并联比较型 A/D 转换器电路图

2. 工作原理

设 v_i 变化范围为 $0 \sim V_{REF}$，输出 3 位数字量为 $D_2D_1D_0$，3 位并联比较型 A/D 转换器的输入输出关系见表 4-17。

表 4-17 3 位并联 A/D 转换器逻辑状态关系表

输入电压 v_i	寄存器状态							编码器输出		
	Q_7	Q_6	Q_5	Q_4	Q_3	Q_2	Q_1	D_2	D_1	D_0
$(0 \sim 1/15)\ V_{REF}$	0	0	0	0	0	0	0	0	0	0
$(1/15 \sim 3/15)\ V_{REF}$	0	0	0	0	0	0	1	0	0	1
$(3/15 \sim 5/15)\ V_{REF}$	0	0	0	0	1	1	1	0	1	0
$(5/15 \sim 7/15)\ V_{REF}$	0	0	0	1	1	1	1	0	1	1
$(7/15 \sim 9/15)\ V_{REF}$	0	0	1	1	1	1	1	1	0	0
$(9/15 \sim 11/15)\ V_{REF}$	0	0	1	1	1	1	1	1	0	1
$(11/15 \sim 13/15)\ V_{REF}$	0	1	1	1	1	1	1	1	1	0
$(13/15 \sim 1)\ V_{REF}$	1	1	1	1	1	1	1	1	1	1

为了更好地说明并联比较型 A/D 转换器的工作原理，下面以例题展示并联比较型 A/D 转换器的工作过程。

例：在图 4-19 中，若输入模拟电压 v_i=3.4V，基准电压 V_{REF}=6V，试确定 3 位并联比较型 A/D 转换器的输出码。

解：根据并联比较型 A/D 转换器的工作原理，输入到比较器 $C_1 \sim C_7$ 的参考电压为 $\frac{V_{REF}}{15} \sim \frac{13V_{REF}}{15}$，将 V_{REF}=6V 代入，求得各参考电压数值为 0.4V、1.2 V、2.0 V、2.8 V、3.6 V、4.4 V、5.2 V。v_i=3.4V，即 $\frac{7V_{REF}}{15} < v_i < \frac{9V_{REF}}{15}$，根据逻辑关系表可知输出码为 100。

3. 特点

在并联 A/D 转换器中，输入电压 v_i 同时加到所有比较器的输入端。从 v_i 加入，到稳定输出数字量所经历的时间为比较器、D 触发器和编码器延时时间的总和，如果不考虑各器件的延迟，可认为输出数字量在 v_i 输入时可同时获得，所以并联 A/D 转换器具有最短的转换时间。但也可以看到，随着分辨率的提高，元件数目几乎呈几何级数增加，一个 n 位的转换器需要用到 $2^n - 1$ 个比较器和触发器。随着位数的增加，电路复杂程度急剧增加，其中分辨率很高的并联 A/D 转换器，对集成电路工艺指标要求更高。

4.1.3 逐次逼近型 A/D 转换器

1. 电路组成

逐次逼近型 A/D 转换器逻辑框图如图 4-20 所示。该电路由一个比较器、D/A 转换器、缓冲寄存器及控制逻辑电路组成。逐次逼近寄存器一方面产生数字比较量,另一方面将转换结果进行输出。D/A 转换器将数字比较量转化为模拟量 v_o。电压比较器的作用是比较模拟输入电压 v_i 与模拟比较电压 v_o,若 $v_i > v_o$,则电压比较器输出为 1,若 $v_i < v_o$,则输出为 0。控制电路的作用是产生各种时序脉冲和控制信号。

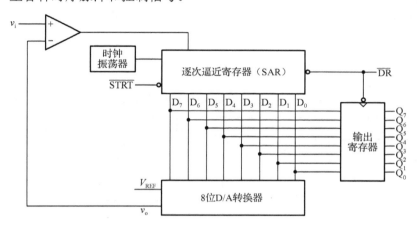

图 4-20 逐次逼近型 A/D 转换器逻辑框图

2. 工作原理

逐次逼近型 A/D 转换器的基本原理是从高位到低位逐位试探比较,好像用天平称物体,从重到轻逐级增减砝码进行试探,最后得到一个最接近未知量的近似值。

逐次逼近法转换过程是:初始化时将逐次逼近寄存器各位清零;转换开始时,先将逐次逼近寄存器最高位置 1,送入 D/A 转换器,经 D/A 转换后生成的模拟量送入比较器,称为 v_o,与送入比较器的待转换的模拟量 v_i 进行比较,若 $v_o < v_i$,该位 1 被保留,否则被清除。然后再置逐次逼近寄存器次高位为 1,将寄存器中新的数字量送入 D/A 转换器,输出的 v_o 再与 v_i 比较,若 $v_o < v_i$,该位 1 被保留,否则被清除。重复此过程,直至逼近寄存器最低位。转换结束后,将逐次逼近寄存器中的数字量送入缓冲寄存器,得到数字量的输出。

例:有一个 4 位逐次逼近型 A/D 转换器,设 $V_{REF}=6V$,$v_i=4V$,求 A/D 转换后的结果。

解:(1)转换开始时,寄存器输出第一次数字比较量 1000。

(2)D/A 转换器根据基准电压的大小将数字比较量转化为模拟电压 $v_o=3V$。

(3)电压比较器第一次比较得到 $v_o < v_i$,因此输出为 1。

(4)控制电路根据电压比较器的输出,移出最高位 A/D 值 1,并输出第二次数字比较量 1100。

(5)D/A 转换器根据基准电压的大小将数字比较量 1100 转化为模拟电压 $v_o=4.5V$。

(6)电压比较器第二次比较得到 $v_o > v_i$,因此输出为 0。

(7)控制电路根据电压比较器的输出,移出次最高位 A/D 值 0,并输出第三次数字比较量 1010。

(8)D/A 转换器根据基准电压的大小将数字比较量转化为模拟电压 $v_o=3.75V$。

（9）电压比较器第三次比较得到 $v_o<v_i$，因此输出为 1。

（10）控制电路根据电压比较器的输出，移出本位 A/D 值 1，并输出第四次数字比较量 1011。

（11）D/A 转换器根据基准电压的大小将数字比较量 1011 转化为模拟电压 v_o=4.125V。

（12）电压比较器第四次比较得到 $v_o>v_i$，因此输出为 0。

（13）控制电路根据电压比较器的输出，移出次最后一位 A/D 值 0。本次转换的最终结果为 1010。

逐次逼近型 A/D 转换器的转换过程也可见表 4-18。其中 $\Delta=\dfrac{6}{2^4}=0.375V$。

表 4-18　逐次逼近型 A/D 转换器的转换过程

节拍 CP	SAR 的数码值				D/A 输出 $v_o=D_n\cdot\Delta$	比较器输入		比较判别	逻辑操作
	D_3	D_2	D_1	D_0		V_o	V_i		
0	0	0	0	0					清零
1	1	0	0	0	3V	3V	4V	$v_o<v_i$	保留
2	1	1	0	0	4.5V	4.5V	4V	$v_o>v_i$	去除
3	1	0	1	0	3.75V	3.75V	4V	$v_o<v_i$	保留
4	1	0	1	1	4.125V	4.125V	4V	$v_o>v_i$	去除
5	1	0	1	0	3.75V	采样		输出/采样	

3. 特点

逐次逼近法的优点是速度快、分辨率高、成本低，因此在计算机系统中得到了广泛应用。

4.1.4　双积分型 A/D 转换器

1. 电路组成

双积分型 A/D 转换器是常用的一种间接 A/D 转换器，其基本原理是在某一个固定时间内对输入模拟信号求积分，首先将输入电压平均值转换为与之成正比的时间间隔，然后，再利用时钟脉冲和计数器测出此时间间隔，得到与输入模拟量对应的数字量输出。因此这种 A/D 转换器称为电压-时间变换型（简称 V-T 型）。其逻辑框图如图 4-21 所示。电路由积分器、比较器、控制电路和计数器组成。

2. 工作原理

电路的工作过程分为以下几个阶段进行。

（1）准备阶段。转换开始前控制电路将计数器清零，开关 K_2 闭合，积分电容 C 完全放电完毕。

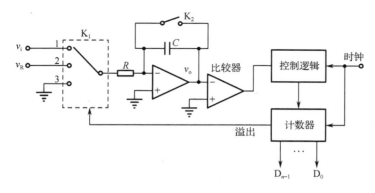

图 4-21　积分型 A/D 转换器逻辑框图

（2）第一次积分。启动脉冲到来时转换开始，控制电路控制 K_2 断开，K_1 接通 v_i，积分器积分（C 充电）。积分器的输出电压以与 v_i 大小成正比的斜率从 0V 开始下降，其波形如图 4-22 所示，积分器的输出电压为：

$$v_{o1} = -\frac{1}{RC}\int_0^{T_1} v_i \mathrm{d}t = -\frac{v_i}{RC}T_1$$

此时，$v_o < 0V$，比较器输出为 1，控制电路启动对时钟 CP 脉冲计数，计满 2^n 个 CP 脉冲后，计数器复位为 0，同时触发控制电路是开关 K_1 接通 v_R。

（3）第二次积分。由于 $v_R < 0$，因此第二次积分是反向积分（C 放电），同时计数器又开始从 0 计数。直到 $v_o = 0V$，比较器输出仍为 1，计数器停止计数，计数器的二进制计数值即为 A/D 转换值。第二次积分回到 0 的时间比第一次积分时间短，且积分时间与输入模拟电压 v_i 成比例。二次积分电压为：

$$v_{o2} = -\frac{1}{RC}\int_{T_1}^{T_2}(-v_R)\mathrm{d}t = \frac{v_R}{RC}(T_2 - T_1)$$

两次积分完成后电压之和为 0，根据公式得到 $v_i = \dfrac{T_2 - T_1}{T_1}v_R$，其中 $T_1 = 2^n \cdot T_{CP}$，

$T_2 - T_1 = N \cdot T_{CP}$。因此得到 $N = \dfrac{2^n v_i}{v_R}$，N 为输入模拟电压 v_i 模数转换后输出的数字量。在第二次积分结束后，控制电路又使开关 K_2 闭合，电容 C 放电，电路为下一次转换做准备。

3．**特点**

电路中不存在 D/A 转换器，结构简单。转换不受 RC 参数的影响，因此抗干扰能力强，精度高。但是转换需要二次积分，所以转换速度较慢。

4.1.5　集成 A/D 转换器

在单片集成 A/D 转换器中，逐次比较型使用得较多。ADC0809 是一种普遍使用且成本较低的、由 National 半导体公司生产的 CMOS 材料 A/D 转换器。它具有 8 个模拟量输入通道，可在程序控制下对任意通道进行 A/D 转换，得到 8 位二进制数字量。由于芯片有输出数据锁存器，输出的数字量可直接与计算机 CPU 数据总线相接，而不需要附加接口电路。

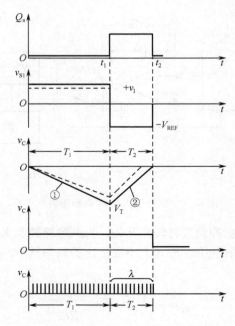

图 4-22　双积分型 A/D 转换器的工作波形

1．技术指标

ADC0809 的主要技术指标如下。

- 电源电压：　　　　　　5V
- 分辨率：　　　　　　　8 位
- 时钟频率：　　　　　　640kHz
- 转换时间：　　　　　　100μs
- 未经调整误差：　　　　1/2LSB 和 1LSB
- 模拟量输入电压范围：0～5V
- 功耗：　　　　　　　　15mW

2．内部结构

ADC0809 转换器的内部结构图如图 4-23 所示，其中内部各单元的功能如下。

（1）通道选择开关：八选一模拟开关，实现分时采样 8 路模拟信号。

（2）通道地址锁存和译码：通过 ADDA、ADDB、ADDC 三个地址选择端及译码作用控制通道选择开关。

（3）逐次逼近 A/D 转换器：包括比较器、8 位开关树型 D/A 转换器、逐次逼近寄存器。转换的数据从逐次逼近寄存器传送到 8 位锁存器后经三态门输出。

（4）8 位锁存器和三态门：当输入允许信号 OE 有效时，打开三态门，将锁存器中的数字量经数据总线送到 CPU。由于 ADC0809 具有三态输出，因而数据线可直接挂在 CPU 数据总线上。

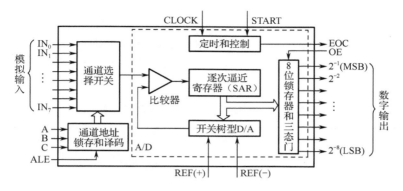

图 4-23　ADC0809 内部结构图

3. 引脚功能

ADC0809 的外部引脚图和芯片实物如图 4-24 所示。

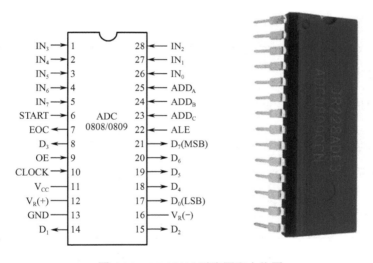

图 4-24　ADC0809 引脚图和实物图

各引脚功能如下：

（1）$IN_0 \sim IN_7$：8 路模拟输入通道。

（2）$D_0 \sim D_7$：8 位数字量输出端。

（3）START：启动转换命令输入端，由 1→0 时启动 A/D 转换，要求信号宽度大于 100ns。

（4）OE：输出使能端，高电平有效。

（5）ADD_A、ADD_B、ADD_C：地址输入线，用于选通 8 路模拟输入中的一路进入 A/D 转换。其中 ADD_A 是 LSB 位，这三个引脚上所加电平的编码为 000～111，分别对应 $IN_0 \sim IN_7$，例如，当 $ADD_C=0$，$ADD_B=1$，$ADD_A=1$ 时，选中 IN_3 通道。地址信号与选中通道对应关系见表 4-19。

（6）ALE：地址锁存允许信号。用于将 $ADD_A \sim ADD_C$ 三条地址线送入地址锁存器中。

（7）EOC：转换结束信号输出。转换完成时，EOC 的正跳变可用于向 CPU 申请中断，其高电平也可供 CPU 查询。

（8）CLOCK：时钟脉冲输入端，要求时钟频率不高于 640kHz。

（9）V_R（+）、V_R（-）：基准电压，一般与微机连接时，V_R（-）接 0V 或-5V，V_R（+）接+5V 或 0V。

表 4-19　地址信号与选中通道对应关系

地　　址			选中通道
ADD_C	ADD_B	ADD_A	
0	0	0	IN_0
0	0	1	IN_1
0	1	0	IN_2
0	1	1	IN_3
1	0	0	IN_4
1	0	1	IN_5
1	1	0	IN_6
1	1	1	IN_7

4. ADC0809 的应用

ADC0809 在使用时需要注意如下问题。

1）转换时序

ADC0809 控制信号的时序图如图 4-25 所示，该图描述了各信号之间的时序关系。

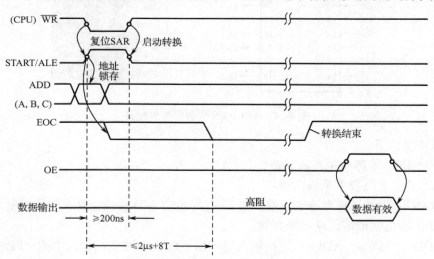

图 4-25　ADC 0809 控制信号的时序图

当通道选择地址有效时，ALE 信号一出现，地址便马上被锁存，这时转换启动信号紧随 ALE 之后（或与 ALE 同时）出现。START 的上升沿将逐次逼近寄存器 SAR 复位，在该上升沿之后的 2μs 加 8 个时钟周期内，EOC 信号将变为低电平，以指示转换操作正在进行中，直到转换完成后 EOC 再变为高电平。微处理器收到变为高电平的 EOC 信号后，便立即送出 OE

信号，打开三态门，读取转换结果。

2）参考电压的调节

在使用 A/D 转换器时，为保证其转换精度，要求输入电压满量程使用。如果输入电压动态范围较小，则可调节参考电压以保证小信号输入时 ADC0809 芯片 8 位的转换精度。

3）接地

A/D 和 D/A 转换电路中要特别注意地线的正确连接，否则就会产生严重的干扰，影响转换结果的准确性。A/D、 D/A 和取样保持芯片上都提供了独立的模拟地（AGND）和数字地（DGND）的引脚。在线路设计中，必须将所有器件的模拟地和数字地分别相连，然后将模拟地与数字地仅在一点上相连接。

4.2　数模转换

4.2.1　数模转换基本概念

1. 定义

模拟信号（Analog Signal）：时间和幅度均连续变化的信号。

数字信号（Digital Signal）：时间和幅度离散且按一定方式编码后的脉冲信号。

将数字信号转换为相应的模拟信号称为数模转换，简称为 D/A 转换或者 DAC（Digital to Analog Conversion）。

2. 数模转换器的组成

D/A 转换是将数字信号转换为模拟信号。D/A 转换器一般由数码缓冲寄存器、模拟开关、参考电压、解码网络和求和放大器电路等组成，如图 4-26 所示。图中数字量以并行或者串行方式输入并存储于数码寄存器中，寄存器的输出驱动对应数位上的电子开关将相应数位的权值相加得到与数字量对应的模拟量。

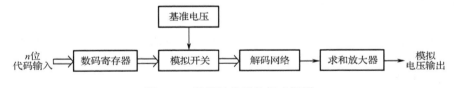

图 4-26　数模转换器的组成框图

由于构成数字代码的每一位都有一定的"权重"，因此为了将数字量转换成模拟量，就必须将每一位代码按其"权重"转换成相应的模拟量，然后再将代表各位的模拟量相加，即可得到与该数字量成正比的模拟量，这就是构成 D/A 变换器的基本思想。图 4-27 即为 DAC 转换器的组成图。

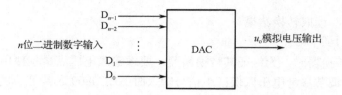

图 4-27 DAC 转换器的组成

D/A 转换器实质上是一个译码器（解码器）。一般常用的线性 D/A 转换器，其输出模拟电压 u_O 和输入数字量 D_n 之间成正比关系。V_{REF} 为参考电压。

输入：n 位二进制数字量为 $D = [d_{n-1}d_{n-2} \cdots d_1 d_0]$

对应的十进制数为：$D_n = d_{n-1} \cdot 2^{n-1} + d_{n-2} \cdot 2^{n-2} + \cdots + d_1 \cdot 2^1 + d_0 \cdot 2^0 = \sum_{i=0}^{n-1} d_i 2^i$ 输出：与之为正比的模拟量为：

$$u_o = D_n V_{REF} ?$$
$$= d_{n-1} \cdot 2^{n-1} \cdot V_{REF} + d_{n-2} \cdot 2^{n-2} \cdot V_{REF} + \cdots + d_1 \cdot 2^1 \cdot V_{REF} + d_0 \cdot 2^0 \cdot V_{REF}$$
$$= \sum_{i=0}^{n-1} d_i 2^i V_{REF}$$

3. 模数转换器（DAC）的主要性能参数

1）分辨率

分辨率表明 DAC 对模拟量的分辨能力，它是最低有效位（LSB）所对应的模拟量，它确定了能由 D/A 产生的最小模拟量的变化。通常用二进制数的位数表示 DAC 的分辨率，如分辨率为 8 位的 D/A 能给出满量程电压的 $1/2^8$ 的分辨能力，显然 DAC 的位数越多，分辨率越高。

2）线性误差

D/A 的实际转换值偏离理想转换特性的最大偏差与满量程之间的百分比称为线性误差。

3）建立时间

这是 D/A 的一个重要性能参数，定义为：在数字输入端发生满量程码的变化以后，D/A 的模拟输出稳定到最终值 ±1/2LSB 时所需要的时间。

4）温度灵敏度

它是指数字输入不变的情况下，模拟输出信号随温度的变化。一般 D/A 转换器的温度灵敏度为 ±50PPM/℃。PPM 为百万分之一。

5）输出电平

不同型号的 D/A 转换器的输出电平相差较大，一般为 5～10V，有的高压输出型的输出电平高达 24～30V。

4. D/A 转换器的种类

按解码网络结构不同，D/A 转换器可分为权电阻型、倒 T 型电阻网络、权电流型网络和权电容型网络 D/A 转换器。按模拟电子开关电路的不同，D/A 转换器还可以分为 CMOS 开关型和双极型开关型 D/A 转换器。其中双极型开关型 D/A 转换器又分为电流开关型和 ECL 电流开关型两种，在速度要求不高的情况下，可选用 CMOS 开关型。如果要求较高的转换速度则应选用双极型电流开关型 D/A 转换器，或转换速度更快的 ECL 电流开关型 D/A 转换器。

4.2.2　权电阻型 D/A 转换器

1. 电路组成

为了便于分析理解，以 4 位权电阻型 D/A 转换器为例，分析其工作原理，如图 4-28 所示。该 4 位权电阻型 D/A 转换器由电子模拟开关 $S_0 \sim S_3$、权电阻译码网络、求和运算放大器和基准电压 V_{REF} 组成。

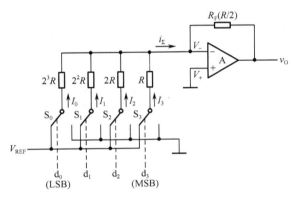

图 4-28　权电阻型 D/A 转换器电路图

2. 工作原理

输入 4 位数字量 $D = [d_{n-1}d_{n-2}\cdots d_1 d_0]$。$d_i=0$，控制模拟开关 S_i 接地。按图 4-28 所示电路可得：

$$i_\Sigma = I_3 + I_2 + I_1 + I_0 = \frac{V_{REF}}{R}d_3 + \frac{V_{REF}}{2R}d_2 + \frac{V_{REF}}{4R}d_1 + \frac{V_{REF}}{8R}d_0$$

$$v_o = -i_\Sigma R_F = -\frac{V_{REF}R_F}{8R}(2^3 d_3 + 2^2 d_2 + 2^1 d_1 + 2^0 d_0)$$

$$= -\frac{V_{REF}}{2^4}(2^3 d_3 + 2^2 d_2 + 2^1 d_1 + 2^0 d_0)$$

若 V_{REF}=5V，$D=[d_{n-1}d_{n-2}\cdots d_1 d_0]$=1000B，则 v_o=2.5V；若 D=1111B，则 v_o=4.6875V。表明当数字输入量为 D 时，相对应输出模拟量为 $V_{REF} \times D / 2^n$。

3. 特点

权电阻型 D/A 转换器电路结构简单，且因组成数字量的各位同时进行转换，转换速度很快。但权电阻网络中电阻阻值的取值范围较复杂，位数越多，权电阻品种越多，不易做得很精确，且阻值变化范围大，不易于集成，因此这种类型的 D/A 转换器实际应用较少。

4.2.3　倒 T 型电阻网络 D/A 转换器

在单片集成 D/A 转换器中，使用较多的是倒 T 型电阻网络 D/A 转换器，下面以 4 位 D/A

转换器为例说明其工作原理。

1. 电路组成

倒 T 型电阻网络 D/A 转换器逻辑框图如图 4-29 所示。该电路由电阻网络、电子开关和反相加法运算放大器组成，但电阻网络中只有 R、$2R$ 两种阻值的电阻元件，便于集成电路的设计与制作。

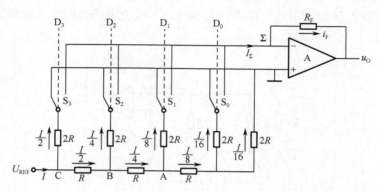

图 4-29　倒 T 型电阻网络 D/A 转换器电路图

2. 工作原理

在图 4-29 中，因为同相输入端为"虚地"，无论模拟开关 S_i 接到何种位置，与其相连接的电阻 $2R$ 都相当于接"地"，流过每个支路上的电流与开关状态无关，都不会改变。因此，从每个节点向左看，每个二端口网络的等效电阻都等于 $2R$，且对地等效电阻均为 R。若经过 V_{REF} 的电流 $I = V_{REF}/R$，则从右到左流过各开关支路的电流分别为 $\frac{I}{2}$、$\frac{I}{4}$、$\frac{I}{8}$ 和 $\frac{I}{16}$。

于是，可得总电流为：

$$i_\Sigma = \frac{V_{REF}}{2^1 R}d_3 + \frac{V_{REF}}{2^2 R}d_2 + \frac{V_{REF}}{2^3 R}d_1 + \frac{V_{REF}}{2^4 R}d_0 = \frac{V_{REF}}{2^4 R}\sum_{i=0}^{3}(D_i \cdot 2^i)$$

输出电压为：

$$v_o = -i_\Sigma R_f = -\frac{R_f}{R} \cdot \frac{V_{REF}}{2^4}\sum_{i=0}^{3}(D_i \cdot 2^i)$$

当 $V_{REF}=10V$ 时，得到输入数字量和输出模拟电压的对应关系见表 4-20。

3. 特点

倒 T 型 D/A 转换器中电阻种类少，只有 R 和 $2R$，提高了制造精度。而且倒 T 型 D/A 转换器的各支路电流直接流入运算放大器的输入端，不存在传输上的时间差，提高了转换速度，减小了动态过程中可能出现的负脉冲，是目前广泛使用的 D/A 转换器中较快的一种。

表 4.20　输入数字量和输出模拟电压的对应关系表

D_3	D_2	D_1	D_0	V_0/V
0	0	0	0	0.000
0	0	0	1	-0.625
0	0	1	0	-1.250
0	0	1	1	-1.875
0	1	0	0	-2.500
0	1	0	1	-3.125
0	1	1	0	-3.750
0	1	1	1	-4.375
1	0	0	0	-5.000
1	0	0	1	-5.625
1	0	1	0	-6.250
1	0	1	1	-6.875
1	1	0	0	-7.500
1	1	0	1	-8.125
1	1	1	0	-8.750
1	1	1	1	-9.375

4.2.4　集成 D/A 转换器

集成 D/A 转换器的品种很多。按输入的二进制数的位数分，有 8 位、10 位、12 位和 16 位等。按器件内部电路的组成部分又可以分成两大类，一类器件的内部只包含电阻网络和模拟电子开关，另一类器件的内部还包含了参考电压源发生器和运算放大器。在使用前一类器件时，必须外接参考电压源和运算放大器。为了保证数模转换器的转换精度和速度，应注意合理地确定对参考电压源稳定度的要求，选择零点漂移和转换速率都恰当的运算放大器。本书主要介绍目前应用较为广泛的典型 D/A 芯片 AD7520。

1. 技术指标

AD7520 是 10 位的 D/A 转换集成芯片，与微处理器完全兼容。该芯片以接口简单、转换控制容易、通用性好、性价比高等特点得到了广泛的应用。AD7520 的主要技术指标如下。

（1）电源电压：　　　　+5～+15V

（2）分辨率：　　　　　10 位

（3）转换速度：　　　　500ns

（4）线性误差：　　　　±(1/2)LSB（LSB 表示输入数字量最低位），若用输出电压满刻度范围 FSR 的百分数表示则为 0.05%FSR。

（5）逻辑电平输入：　　与 TTL 电平兼容

（6）温度系数：　　　　0.001%/℃

数字电子技术项目仿真与工程实践

2．内部结构

AD7520 转换器的内部结构和外部引脚图如图 4-30 所示，该芯片只包含倒 **T** 型电阻网络、电流开关和反馈电阻，不含运算放大器，输出端为电流输出。

AD7520 具有一组 10 位数据线 $D_0 \sim D_9$，用于输入数字量。一对模拟输出端 I_{OUT1} 和 I_{OUT2} 用于输出与输入数字量成正比的电流信号，一般外部连接由运算放大器组成的电流/电压转换电路。转换器的基准电压输入端 V_{REF} 一般在 $-10V \sim +10V$。

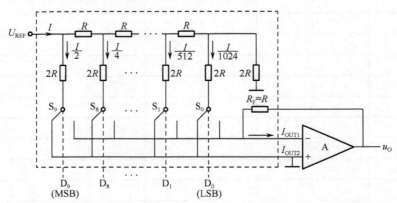

图 4-30　AD7520 的内部结构

表 4-21 所列的是 AD7520 输入数字量与输出模拟量的关系，其中 $2^n = 2^{10} = 1024$。

表 4-21　AD7520 输入数字量和输出模拟电压的对应关系表

输入数字量										输出模拟量
d_9	d_8	d_7	d_6	d_5	d_4	d_3	d_2	d_1	d_0	U_0
0	0	0	0	0	0	0	0	0	0	0
0	0	0	0	0	0	0	0	0	1	$-\dfrac{1}{1024}U_R$
					⋮					⋮
0	1	1	1	1	1	1	1	1	1	$-\dfrac{511}{1024}U_R$
1	0	0	0	0	0	0	0	0	0	$-\dfrac{512}{1024}U_R$
					⋮					⋮
1	1	1	1	1	1	1	1	1	0	$-\dfrac{1023}{1024}U_R$
1	1	1	1	1	1	1	1	1	1	$-\dfrac{1024}{1024}U_R$

3. 引脚功能

AD7520 转换器的外部引脚图如图 4-31 所示。

AD7520 各引脚的功能如下。

$D_0 \sim D_9$:　　　　　10 位数据输入端，TTL 电平。

I_{OUT1} 和 I_{OUT2}:　　模拟电流输出端。

R_F:　　　　　　　反馈电阻，被制作在芯片内，与外接的运

算放大器配合构成电流/电压转换电路。

V_{REF}:　　　　　　转换器的基准电压，电压范围为-10～+10V。

V_{CC}:　　　　　　工作电源输入端，+5～+15V。

A_{GND}:　　　　　模拟地，模拟电路接地点。

GND:　　　　　　接地端。

图 4.31　AD7520 的引脚图

4. AD7520 的应用

AD7520 可与计数器组成锯齿波发生电路，电路结构如图 4-32 所示。10 位二进制加法计数器从全"0"加到全"1"，电路的模拟输出电压 u_o 由 0V 增加到最大值。如果计数脉冲不断，则可在电路的输出端得到周期性的锯齿波。输出的锯齿波波形如图 4-33 所示。

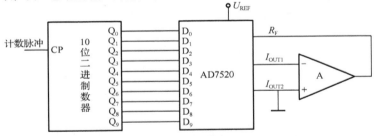

图 4-32　AD7520 组成的锯齿波发生器

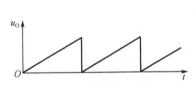

图 4-33　锯齿波发生器输出波形图

【思政小课堂】

香农于 1948 年发表了著名的文章"通信的数学理论"（A Mathematical Theory of Communication）创建了信息时代的理论基础——信息论。香农因而被称为"信息论之父"。这篇论文为对称密码系统的研究建立了一套数学理论，从此密码术变成为密码学。1949 年香农发表了另外一篇重要论文《Communication Theory of Secrecy Systems》（保密系统的通信理论），正是基于这种工作实践，它的意义是使保密通信由艺术变成科学。香农理论的重要特征是熵（entropy）的概念，他证明熵与信息内容的不确定程度有等价关系。

前人的努力给我们带来了现在丰富多彩的信息化生活，站在前人的肩膀上，更应该继承他们好奇心强、重视实践、永不满足的科学精神，为了建设祖国而继续奋斗。

4.3　习题

4.3.1　选择题

1. 一输入为十位二进制（n=10）的倒 T 型电阻网络 DAC 电路中，基准电压 V_{REF} 提供电

流为（　　）。

A. $\dfrac{V_{REF}}{2^{10}R}$　　　　B. $\dfrac{V_{REF}}{2\times2^{10}R}$　　　　C. $\dfrac{V_{REF}}{R}$　　　　D. $\dfrac{V_{REF}}{(\Sigma 2^i)R}$

2．权电阻网络 DAC 电路最小输出电压是（　　）。

A. $\dfrac{1}{2}V_{LSB}$　　　　B. V_{LSB}　　　　C. V_{MSB}　　　　D. $\dfrac{1}{2}V_{MSB}$

3．在 D/A 转换电路中，输出模拟电压数值与输入的数字量之间（　　）关系。

A. 成正比　　　　B. 成反比　　　　C. 无

4．ADC 的量化单位为 S，用舍尾取整法对采样值量化，则其量化误差 $\varepsilon_{max} =$（　　）。

A. 0.5 S　　　　B. 1 S　　　　C. 1.5 S　　　　D. 2 S

5．在 D/A 转换电路中，当输入全部为"0"时，输出电压等于（　　）。

A. 电源电压　　　　B. 0　　　　C. 基准电压

6．在 D/A 转换电路中，数字量的位数越多，分辨输出最小电压的能力（　　）。

A. 越稳定　　　　B. 越弱　　　　C. 越强

7．在 A/D 转换电路中，输出数字量与输入的模拟电压之间（　　）关系。

A. 成正比　　　　B. 成反比　　　　C. 无

8．集成 ADC0809 可以锁存（　　）模拟信号。

A. 4 路　　　　B. 8 路　　　　C. 10 路　　　　D. 16 路

9．双积分型 ADC 的缺点是（　　）。

A. 转换速度较慢　　　　　　　　B. 转换时间不固定

C. 对元件稳定性要求较高　　　　D. 电路较复杂

4.3.2　填空题

1．理想的 D/A 转换特性应是使输出模拟量与输入数字量成_____。转换精度是指 DAC 输出的实际值和理论值_____。

2．将模拟量转换为数字量，采用_____转换器，将数字量转换为模拟量，采用_____转换器。

3．A/D 转换器的转换过程，可分为_____、_____及_____ 和_____ 4 个步骤。

4．A/D 转换电路的量化单位为 S，用四舍五入法对采样值量化，则其 $\varepsilon_{max} =$ _____。

5．在 D/A 转换器的分辨率越高，分辨_____的能力越强；A/D 转换器的分辨率越高，分辨_____的能力越强。

6．A/D 转换过程中，量化误差是指_____，量化误差是_____消除的。

4.3.3　简答题

1．什么是 D/A 转换和 A/D 转换？

2．写出并说明数字信号和模拟信号互相转化时对应的量化关系表达式。

3．D/A 转换精度与哪些参数有关？

4．D/A 转换误差有哪些？

5．DAC0832 有哪几种工作方式？如何控制？

6．A/D 转换器为什么要对模拟信号进行采样和保持？

7．什么是量化和量化误差？

8．A/D 转换的转换精度和分辨率有什么关系？

9．简述 A/D 转换器的类型。

4.3.4　计算题

1．要求某 DAC 电路输出的最小分辨电压 V_{LSB} 约为 5mV，最大满度输出电压 U_m=10V，该电路输入二进制数字量的位数 N 应是多少？

2．已知某 DAC 电路输入 10 位二进制数，最大满度输出电压 U_m=5V，试求分辨率和最小分辨电压。

3．设 V_{REF}=+5V，试计算当 DAC0832 的数字输入量分别为 7FH，81H，F3H 时（后缀 H 的含义是指该数为十六进制数）的模拟输出电压值。

4．在 AD7520 电路中，若 V_{DD}=10V，输入十位二进制数为$(1011010101)_2$，试求：

（1）其输出模拟电流 i_o 为何值（已知 R=10kΩ）？

（2）当 R_F=R=10kΩ 时，外接运放 A 后，输出电压应为何值？

5．用 DAC0832 和 4 位二进制计数器 74LS161，设计一个阶梯脉冲发生器。要求有 15 个阶梯，每个阶梯高 0.5V。请选择基准电源电压 V_{REF}，并画出电路图。

6．某 8 位 D/A 转换器，试问：

（1）若最小输出电压增量为 0.02V，当输入二进制 01001101 时，输出电压为多少伏？

（2）若其分辨率用百分数表示，则为多少？

（3）若某一系统中要求的精度为 0.25%，则该 D/A 转换器能否使用？

7．已知 10 位 R-2R 倒 T 型电阻网络 DAC 的 R_F=R，V_{REF}=10V，试分别求出数字量为 0000000001 和 1111111111 时，输出电压 u_o。

8．如图 4-33 所示电路为由 AD7520 和计数器 74LS161 组成的波形发生电路。已知 V_{REF}=10V，试画出输出电压 u_o 的波形，并标出波形图上各点电压的幅度。

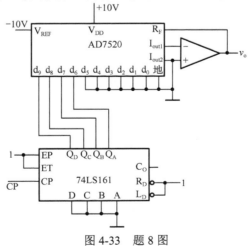

图 4-33　题 8 图

9．设 V_{REF}=5V，当 ADC0809 的输出分别为 80H 和 F0H 时，求 ADC0809 的输入电压 u_{i1} 和 u_{i2}。

10．时钟频率 f_C=1MHz。当输入电压 u_i=9.45V 时，求电路此时转换输出的数字状态及完成转换所需要的时间。

11．某 8 位 ADC 输入电压范围为 0～+10V，当输入电压为 4.48V 和 7.81V 时，其输出二进制数各是多少？该 ADC 能分辨的最小电压变化量为多少 mV？

12．双积分型 ADC 中的计数器若做成十进制的，其最大计数容量 N_1=(1999)$_{10}$≈(2000)$_{10}$，时钟脉冲频率 f_C=10kHz，则完成一次转换最长需要多长时间？若已知计数器的计数值 N_2=(369)$_{10}$，基准电压-V_{REF}=-6V，此时输入电压 u_i 有多大？

13．在双积分型 ADC 中，若计数器为 8 位二进制计数器，CP 脉冲的频率 f_C=10kHz，-V_{REF}=-10 V。

（1）计算第一次积分的时间；

（2）计算 u_i=3.75 V 时，转换完成后，计数器的状态；

（3）计算 u_i=2.5 V 时，转换完成后，计数器的状态。

用Verilog HDL语言实现译码器功能

译码器是多输入多输出组合逻辑电路器件，可分为变量译码和显示译码两大类。数码显示电路在各种数字测量仪表和各种数字系统中使用广泛，是数字设备不可缺少的部分。可以采用显示译码器将二进制数转换成对应的七段码，驱动数码管。本项目通过在 Quartus II 软件中，用 Verilog HDL 语言编写程序代码，实现这个显示译码器的功能，为今后需要在 CPLD 上进一步开发复杂功能的电路打下坚实基础。

【项目学习目标】

❖ 了解 Quartus II 软件
❖ 能用 Verilog HDL 语言对显示译码器电路进行编程
❖ 能在 Quartus II 中对显示译码电路进行仿真验证
❖ 能文明操作，遵守实训室管理规定
❖ 能相互协作完成技术文档并进行项目汇报

【项目任务分析】

➢ 通过学习和查阅 Quartus II 软件的使用步骤，熟练掌握 Quartus II 软件
➢ 编制显示译码器的 Verilog HDL 语言程序
➢ 在 Quartus II 中进行项目仿真，完成相应的仿真要求
➢ 撰写实验报告
➢ 对项目完成后进行展示汇报及作品互评，完成项目评价表

【项目电路组成】

用专用的七段或八段译码器可以很方便地驱动数码管，实现数码显示的功能。常规数码管显示电路主要由二进制信号输入电路、译码器译码电路、数码管显示电路组成，具体框图如图 5-1 所示。本项目将在 Quartus II 中用 Verilog HDL 语言编制程序实现译码器译码电路的功能。

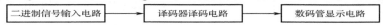

图 5-1 显示译码电路组成框图

任务 1 译码器项目仿真与验证

【学习目标】

（1）熟练掌握 Quartus II 软件的使用方法。

（2）掌握 Verilog HDL 语言的使用。

（3）在 Quartus II 中编制译码器的程序并仿真。

（4）遇到电路故障时能够分析、判断和排除故障。

【工作内容】

（1）学会使用 Quartus II 软件。

（2）用 Verilog HDL 编程并仿真。

（3）分析和排除可能出现的故障。

子任务 1　了解 Quartus II 软件功能

Quartus II 是 Altera 公司的综合性 PLD/FPGA 开发软件，支持原理图、VHDL、Verilog HDL 以及 AHDL 等多种设计输入形式，内嵌自有的综合器以及仿真器，可以完成从设计输入到硬件配置的完整 PLD 设计流程。

Quartus II 可以在 Windows、Linux 以及 UNIX 上使用，除了可以使用 Tcl 脚本完成设计流程外，还提供了完善的用户图形界面设计方式。具有运行速度快、界面统一、功能集中、易学易用等特点。

Quartus II 支持 Altera 的 IP 核，包含了 LPM/MegaFunction 宏功能模块库，使用户可以充分利用成熟的模块，简化了设计的复杂性，加快了设计速度。对第三方 EDA 工具的良好支持也使用户可以在设计流程的各个阶段使用熟悉的第三方 EDA 工具。

此外，Quartus II 通过和 DSP Builder 工具与 Matlab/Simulink 相结合，可以方便地实现各种 DSP 应用系统；支持片上可编程系统（SOPC）开发，集系统级设计、嵌入式软件开发、可编程逻辑设计于一体，是一种综合性的开发平台。

Maxplus II 作为 Altera 的上一代 PLD 设计软件，由于其出色的易用性而得到了广泛的应用。目前 Altera 已经停止了对 Maxplus II 的更新支持，Quartus II 与之相比不仅仅是支持器件类型的丰富和图形界面的改变。Altera 在 Quartus II 中包含了许多诸如 SignalTap II、Chip Editor 和 RTL Viewer 的设计辅助工具，集成了 SOPC 和 HardCopy 设计流程，并且继承了 Maxplus II 友好的图形界面及简便的使用方法。

Altera Quartus II 作为一种可编程逻辑的设计环境，由于其强大的设计能力和直观易用的接口，越来越受到数字系统设计者的欢迎。

子任务 2　Quartus II 软件的使用步骤

本子任务中首先选择项目一中的红灯功能，在 Quartus II 中应用 Verilog HDL 语言编制程序并仿真来实现该红灯功能，进而熟悉 Quartus II 的使用过程。

1. 打开软件

打开 Quartus II 软件，Quartus II 软件环境编辑界面如图 5-2 所示。

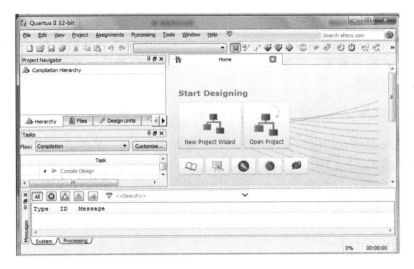

图 5-2 Quartus II 环境编辑界面

2. 新建工程

通过菜单栏命令"File"→"New Project Wizard"启动新项目向导，通过向导建立一个新项目。

（1）根据向导提示，选择合适的项目路径，设置项目名称。分别指定创建工程的文件的路径、工程名和顶层文件名。工程名和顶层文件名可以一致也可以不同。一个工程中可以有多个文件，但只能有一个顶层文件。这里将工程名和顶层文件名都取为"RedLight"，路径和工程名不能使用中文。本子任务中项目路径、名称设置如图 5-3 所示。

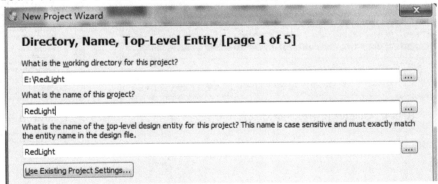

图 5-3 Quartus II 项目路径和名称设置

（2）完成第一步，向导要求向新项目中加入已经存在的设计文件。因为此处设计文件还没有建立，所以单击"Next"按钮，跳过这一步。

（3）接着需要选择器件型号，在这一步选择器件的型号，是为后续在特定的 CPLD/FPGA硬件上实现电路功能服务的。比如 Family 栏目可以设置为"MAX II"，选中"Specific device selected in 'Available devices' list"选项，在 Available devices 栏中选中所使用的器件的具体型号，这里以 EPM1270T144C5N 为例。单击"Next"按钮继续，CPLD/FPGA 芯片型号设置如图 5-4 所示。

（4）接下来，可以为新项目指定综合工具、仿真工具和时间分析工具。在这个实验中，使用 Quartus II 的默认设置，直接单击"Next"按钮继续。确认相关设置，单击"Finish"按钮，完成新项目的创建。

3. 输入设计文件

接下来，建立 Verilog HDL 文件，并加入项目。在"File"菜单下，单击"New"命令。在随后弹出的新建 Verilog HDL 文件对话框中选择 Verilog HDL File 选项，如图 5-5 所示，单击"OK"按钮。然后在打开的 Verilog HDL 编辑器中输入如下的程序代码：

```
module RedLight(S1,S2,S3,RL);
    output RL;
    input S1,S2,S3;
    and(RL,S1,S2,S3);
endmodule
```

其中，S1、S2、S3 分别代表三个过温传感器，RL 代表红灯。编程的具体格式和方法参考本章知识链接部分的内容。输入完成后，在"File"菜单下选择"Save As"命令，将其保存，并加入项目。

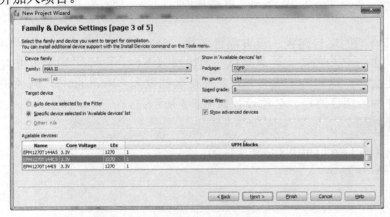

图 5-4　Quartus II 中芯片型号设置

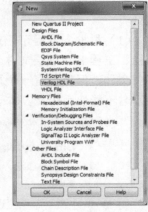

图 5-5　Quartus II 中新建 Verilog HDL 文件

4. 编译

在"Processing"菜单下，单击"Start Compilation"命令，开始编译本项目。编译结束后，如果编译成功，则单击"确定"按钮，程序编译界面如图 5-6 所示。

编译之后，可以在"Assignments"菜单下，对 CPLD 芯片引脚进行分配和配置，还可以对不用的引脚进行设置。这样就可以在仿真结束之后，把编译的程序下载到相应的硬件中，验证 CPLD 是否按照我们设定的功能运行。

5. 仿真

建立一个输入波形文件。在"File"菜单下，单击"New"命令。在随后弹出的对话框中，在"Verification/Debugging Files"子类下，选中"University Program VMF"选项。单击"OK"按钮，如图 5-7（a）所示。随后，进入波形编辑界面，在"Edit"菜单下，单击"Insert Node or Bus"命令，弹出如图 5-7（b）所示对话框。

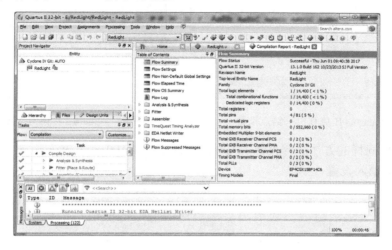

图 5-6　Quartus II 中红灯程序编译界面

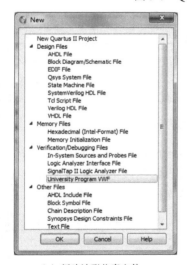

（a）新建波形仿真文件

（b）设置仿真 Node

图 5-7　Quartus II 仿真文件设置

单击"Node Finder"按钮，打开"Node Finder"对话框。单击"List"按钮，列出电路所有的端子。单击">>"按钮，全部加入，单击"OK"按钮确认，仿真引脚节点设置如图 5-8 所示。

回到"Insert Nodeor Bus"对话框，单击"OK"按钮确认。

选中 S1 信号，在"Edit"菜单下，选择"Value"→"Overwrite Clock"命令。随后弹出的信号周期和占空比设置对话框如图 5-9 所示，在其中的"Period"（周期）设置栏中设定参数为 50.0ns，单击"OK"按钮。

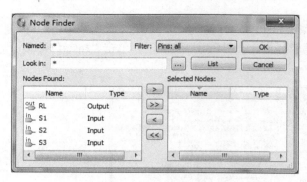

图 5-8　Quartus II 仿真引脚结点设置

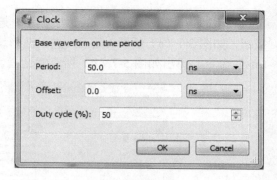

图 5-9　Quartus II 信号周期和占空比设置

　　S2、S3 也用同样的方法进行设置，Period 参数分别为 100ns 和 200ns，最后形成如图 5-10 所示的仿真波形输入设置。

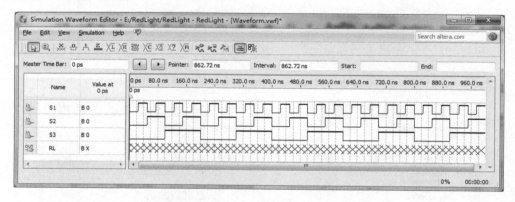

图 5-10　红灯程序输入信号波形设置

　　保存文件，在"Simulation"菜单下，选择"Run Functional Simulation"启动仿真工具。仿真结束后，单击"OK"按钮，弹出图 5-11 所示的仿真输出波形。观察仿真结果，只有当 S1、S2、S3 都为 1 的时候，RL 输出才为 1，符合输入与输出之间的逻辑关系。

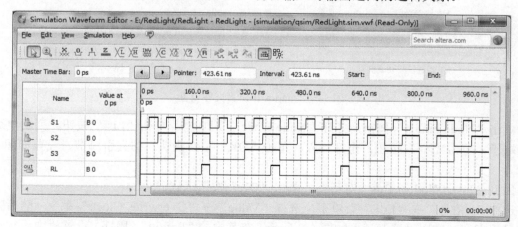

图 5-11　红灯程序输入输出仿真波形

子任务 3　利用 Verilog HDL 实现译码器功能

此处以八段共阴极数码管为例，一个八段数码管分别由 a、b、c、d、e、f、g 位段，外加一个小数点的位段 h（或记为 dp）组成。图 5-12 给出了八段数码管的外形图。

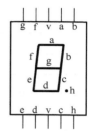

图 5-12　八段数码管外形图

共阴极八段数码管的信号端高电平有效，只要在各位段上加上相应的信号即可使相应的位段发光，比如：要使 a 段发光，则在 a 段加上高电平即可。一个八段数码管就必须有八位数据来控制各个段位的亮灭。对共阴极八段数码管，seg0～seg7 分别接 a～h，seg=8'b10000000 时，h 段亮，只有小数点被点亮；当 seg=8'b01111111 时，除了 h 段不亮，其余段均亮，数码管显示 8。

请参考本章知识链接部分 Verilog HDL 语言编程方面的相关知识，用 case 语句实现数码管译码显示功能。程序具体设计如下（文件名为 Decoder_8.v）。

此处先给出一个三端输入，显示输出数据范围从 0～7 的 Verilog HDL 程序作为示范。

```
module Decoder_8(seg,sw);            //模块名 Decoder_8
    output[7:0]seg;                  //定义输出口
    input[2:0]sw;                    //定义输入口
reg[7:0]seg_reg;                     //定义输出口为寄存器型
    always@(sw)                      //输入发生变化时，执行一次语句体
        begin
            case(sw)                 //根据 SW 值，向数码管发送相应段码
                3'd0:seg_reg=8'h3f;  //显示 0
                3'd1:seg_reg=8'h06;  //显示 1
                3'd2:seg_reg=8'h5b;  //显示 2
                3'd3:seg_reg=8'h4f;  //显示 3
                3'd4:seg_reg=8'h66;  //显示 4
                3'd5:seg_reg=8'h6d;  //显示 5
                3'd6:seg_reg=8'h7d;  //显示 6
                3'd7:seg_reg=8'h07;  //显示 7
                default:seg_reg=8'h00;    //不显示
            endcase
        end
    assign seg=seg_reg;
endmodule
```

请参照以上程序，按照表 5-1 给出的十六进制数码管的功能，理清输入输出关系，在 Quartus II 中，应用 Verilog HDL 编制译码电路程序实现十六进制数码管的显示功能。在实验报告中完成相应的程序内容。

表 5-1　十六进制数码管功能表

序号	输入				输出							显示
	D	C	B	A	g	f	e	d	c	b	a	
1	0	0	0	0	0	1	1	1	1	1	1	0
2	0	0	0	1	0	0	0	0	1	1	0	1
3	0	0	1	0	1	0	1	1	0	1	1	2
4	0	0	1	1	1	0	0	1	1	1	1	3
5	0	1	0	0	1	1	0	0	1	1	0	4
6	0	1	0	1	1	1	0	1	1	0	1	5
7	0	1	1	0	1	1	1	1	1	0	1	6
8	0	1	1	1	0	0	0	0	1	1	1	7
9	1	0	0	0	1	1	1	1	1	1	1	8
10	1	0	0	1	1	1	0	1	1	1	1	9
11	1	0	1	0	1	1	1	0	1	1	1	A
12	1	0	1	1	1	1	1	1	0	0	0	b
13	1	1	0	0	0	1	1	1	0	0	1	C
14	1	1	0	1	1	0	1	1	1	1	0	d
15	1	1	1	0	1	1	1	1	0	0	1	E
16	1	1	1	1	1	1	1	0	0	0	1	F

子任务 4　综合仿真

图 5-13 给出了一个三端输入，显示输出数据范围从 0～7 的译码显示电路仿真波形，从波形图中可以直观看出输入输出数据的关系，仿真波形同时反映出所编制的程序能够实现既定功能。如果对 CPLD 引脚做适当的分配，将程序编译下载到 CPLD 中，此时 CPLD 将实现八段译码器功能，将 CPLD 输出引脚接到八段数码管，数码管将会根据输入二进制信息正确显示 0～7 几个数字。

下面请在你编制的十六进制数码管译码显示程序中，建立一个新的波形文件。设置输入输出节点，对输入信号进行设置，设置结果如图 5-14 所示，输入输出信号都以信号并行的方式出现。

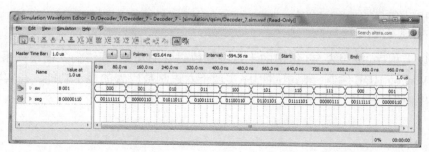

图 5-13　八段数码管（显示范围 0～7）译码器电路仿真波形图

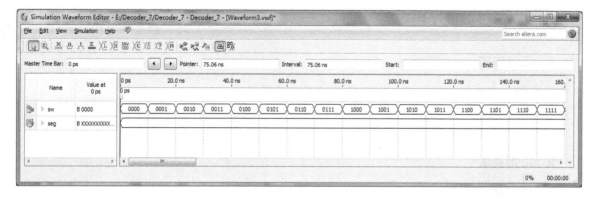

图 5-14　十六进制数码管仿真波形输入设置

　　启动仿真，记录仿真输出波形并观察仿真结果，将输出结果填入表 5-2 中，对比输入，输出结果是否满足表 5-1 中十六进制数码管功能表的关系，通过比较来验证程序编制的正确性。

表 5-2　十六进制数码管仿真结果记录表

输入信号 SW3～SW0	输出信号 seg7～seg0	输入信号 SW3～SW0	输出信号 seg7～seg0
0000		0000	
0001		0001	
0010		0010	
0011		0011	
0100		0100	
0101		0101	
0110		0110	
0111		0111	

任务 2　项目汇报与评价

【学习目标】

（1）能对项目的整体学习和调试过程进行汇报。

（2）能对别人的项目过程做出客观的评价。

（3）能够撰写项目报告。

【工作内容】

（1）对自己完成的项目进行汇报。

（2）客观地评价别人的项目过程。

（3）撰写技术文档。

子任务 1　汇报调试过程

1．汇报内容

（1）演示项目编制的程序，汇报学习和调试过程。
（2）与大家分享学习和调试中遇到的问题及解决方法。
（3）分享项目过程中的收获及体会。

2．汇报要求

（1）讲解时要制作 PPT，关键节点要有视频或者截图。
（2）要重点讲解学习和调试中遇到的问题及解决方法。
（3）要体现团队合作和个人作用。

子任务 2　对其他人的作品进行客观评价

1．评价内容

（1）程序编译的正确性。
（2）是否能顺利得出仿真结果。
（3）是否能与其他人团结协作。
具体评价标准参考项目评价表（表 5-3）。

2．评价要求

（1）评价要客观公正。
（2）评价要全面细致。
（3）评价要认真负责。

表 5-3　项目评价表

评价要素	评价标准	评价依据	评价方式（各部分所占比重）			权重
			个人	小组	教师	
职业素养	（1）能顺利编制程序并验证出功能 （2）能与其他人团结协作 （3）自主学习，按时完成工作任务 （4）工作积极主动，勤学好问 （5）能遵守纪律，服从管理	（1）是否保持实训室的卫生环境 （2）实验设备的使用是否规范 （3）是否积极投入完成项目 （4）项目任务书的填写是否规范 （5）平时表现 （6）编制的程序和仿真结果	0.3	0.3	0.4	0.3

续表

评价 要素	评价标准	评价依据	评价方式 （各部分所占比重）			权 重
			个人	小组	教师	
专业 能力	（1）清楚规范的流程 （2）熟悉数码显示电路的组成及工作原理 （3）能够根据已给资料提示编制十六进制数码管 Verilog HDL 程序 （4）能独立完成电路的仿真与调试。 （5）能对工作过程及结果进行评价与总结	（1）操作规范 （2）专业理论知识：课后题、项目技术总结报告及答辩 （3）专业技能：完成的项目、完成的制作与调试报告	0.2	0.2	0.6	0.6
创新 能力	（1）在项目分析中提出自己的见解 （2）对项目教学提出的建议或意见具有创新性 （3）独立完成检修方案，并且设计合理	（1）提出创新性见解 （2）提出的意见和建议被认可 （3）好的方法被采用 （4）在设计报告中有独特见解	0.2	0.2	0.6	0.1

子任务3　撰写技术文档

1. 技术文档的内容

（1）项目程序的编制和仿真。

① 程序的编制。

② 项目仿真。

（2）项目电路的组成及工作原理。

（3）项目实施过程。

（4）项目收获。

（5）项目进行过程中所遇到的问题。

（6）所用到的软件或其他工具。

2. 要求

（1）内容全面、翔实。

（2）编制好程序并运行。

（3）填写相应的调试表。

【知识链接】

随着微电子设计技术与工艺的发展，数字集成电路从电子管、晶体管、中小规模集成电路、超大规模集成电路逐步发展到今天的专用集成电路。专用集成电路的出现降低了产品的生产成本，提高了系统的可靠性，缩小了产品的物理尺寸，推动了整个社会的数字化进程。但是专用集成电路设计周期长，改版投资大，灵活性差等缺点严重制约着它的应用范围。设计人员希望有一种更灵活的设计方法，根据需要，在实验室就能设计、更改大规模数字逻辑，研制自己的专用集成电路并马上投入使用，这是提出可编程逻辑器件的基本思想。

可编程逻辑器件随着微电子制造工艺的发展而取得了长足的进步。从早期的只能存储少量数据，完成简单逻辑功能的可编程只读存储器（PROM）、紫外线可擦除只读存储器（EPROM）和电可擦除只读存储器（E^2PROM），发展到能完成中大规模的数字逻辑功能的可编程阵列逻辑（PAL）和通用阵列逻辑（GAL），今天已经发展成为可以完成超大规模的复杂组合逻辑与时序逻辑的复杂可编程逻辑器件（CPLD）和现场可编程逻辑器件（FPGA）。随着工艺技术的发展和市场需要，超大规模、高速、低功耗的新型 FPGA/CPLD 不断推陈出新。

设计人员可以采用硬件描述语言对可编程逻辑器件进行开发，而 Verilog HDL 正是一种硬件描述语言（Hardware Description Language，HDL），它以文本形式来描述数字系统硬件的结构和行为的语言，用它可以表示逻辑电路图、逻辑表达式，还可以表示数字逻辑系统所完成的逻辑功能。

5.1 可编程逻辑器件

5.1.1 概述

早在 20 世纪 60 年代，德州仪器公司推出了 54 系列和 74 系列的标准逻辑器件，这些标准逻辑器件一直沿用至今。1970 年，英特尔生产了第一块 1024 位的 DRAM 芯片，仙童公司生产了第一块 256 位的 SRAM 芯片。1971 年，英特尔公司推出了世界上第一款商用微处理器芯片，其中包含约 2300 个晶体管，每秒可以执行 6 万次操作。专用集成电路（ASIC）芯片虽然在 20 世纪 60 年代中期已经出现，但是其生产工艺在 20 世纪 70 年代后期才趋于成熟并开始投入大规模应用。

标准逻辑器件、微处理器芯片、SRAM 和 DRAM 芯片以及专用集成电路 ASIC 芯片等一旦生产出来，它们内部的逻辑结构和电路结构是固定不变的。业界还推出了另一大类完全不同的数字逻辑器件，这类器件的逻辑功能和电路结构可以通过电学和逻辑编程的方式进行变换，从而得到新的逻辑功能和电路结构，这类器件被称为 PLD，即可编程逻辑器件。

可编程逻辑器件包括简单可编程逻辑器件（Simple Programmable Logic Devices，SPLD）、复杂可编程逻辑器件（Complex Programmable Logic Devices，CPLD）和现场可编程逻辑器件（Field Programmable Gate Arrays，FPGA）。从 SPLD、CPLD 到 FPGA，这三类可编程逻辑器件的集成度、复杂度和性能是不断提高的，它们产生的年代也是各不相同的。

由于可编程逻辑器件的逻辑功能和电路结构可以通过电学和逻辑编程的方式进行变换，因此，最先出现的 SPLD 器件，其功能和意义并不仅仅局限于将印制板上多个分立的标准逻辑器件集成到一个 SPLD 芯片中，它还提高了系统的性能和可靠性，降低了印制板和系统的成本，更重要的是，SPLD 芯片的逻辑功能和电路结构还可以按照系统的功能需求进行编程，极大地方便了系统原型的建构、系统功能的验证和完善，具有重要的设计方法学的突破意义。随着

SPLD 器件的成功运用、推广以及半导体技术的不断成熟和发展，性能更先进、功能更复杂的复杂可编程逻辑器件和现场可编程逻辑器件也在不断推出并得到推广应用。

5.1.2 简单可编程逻辑器件（SPLD）

简单可编程逻辑器件可分为 PROM、PLA、PAL 和 GAL 等不同种类的器件，这些 SPLD 器件的结构可以统一概括为图 5-15 所示的基本结构，由输入电路、与阵列、或阵列和输出电路四部分组成。其中，与阵列和或阵列用于实现逻辑函数和功能，它是 SPLD 的核心部分。

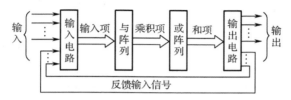

图 5-15　SPLD 器件的基本结构

输入电路的功能是对输入信号进行缓冲，在部分 SPLD 器件中会增加锁存功能，经缓冲后的输入信号将具有足够的驱动能力，并可以产生反信号。输入信号包括外部输入信号和输出反馈信号，它们经输入电路处理后作为与阵列的输入项。

不同种类不同型号的 SPLD 器件的输出电路存在很大差异。由与或阵列产生的逻辑运算结构，既可以以组合电路的方式，经输出电路直接输出，也可以以时序电路的方式，通过输出电路的寄存器暂存后输出。输出信号可根据设计需要，以高电平有效或以低电平有效的方式输出。输出电路通常采用三态电路，并由内部通道将输出信号反馈到输入端。

1. PROM 器件

PROM 器件 1970 年问世，主要用来存储计算机的程序指令和常数，但设计人员也利用 PROM 来实现查找表和有限状态机等一些简单的逻辑功能。实际上利用 PROM 器件可以方便地实现任意组合电路，这是通过一个固定的与阵列和一个可编程的或阵列组合来实现的。一个具有三输入、三输出的未编程 PROM 结构如图 5-16 所示。在该结构中，与阵列固定地生成所有输入信号的最小项，而或阵列则通过编程，实现任意最小项之和。

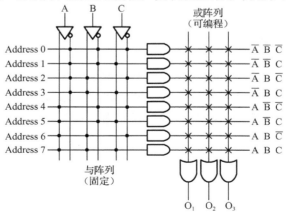

图 5-16　未编程的 PROM 结构

如果我们希望实现一个如图 5-17 所示的半加器电路，则或阵列的编程情况如图 5-18 所示。

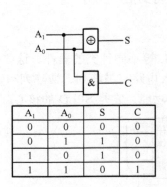

A_1	A_0	S	C
0	0	0	0
0	1	1	0
1	0	1	0
1	1	0	1

图 5-17　半加器逻辑电路图

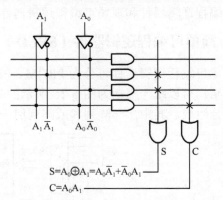

$S=A_0\oplus A_1=A_0\overline{A}_1+\overline{A}_0A_1$

$C=A_0A_1$

图 5-18　PROM 中实现半加器功能的或阵列编程

在实际的 PROM 器件中，或阵列的编程是通过熔丝连接 EPROM 晶体管或 E^2PROM 单元来实现的。

2. PLA 器件

PROM 器件中与阵列的固定连接关系造成了芯片面积的浪费，利用效率低。为了克服这个局限，设计人员在 1975 年推出了可编程逻辑阵列（Programmable Logic Arrays，PLA）器件。PLA 器件是简单可编程器件中配置最灵活的一种器件，它的与阵列和或阵列都是可以编程的。一个未编程的 PLA 器件的结构如图 5-19 所示。PLA 器件与阵列中的与项的数目是和输入信号的数目无关的，或阵列中的或项的数目和输入信号及与项的数目都是无关的。

PLA 器件设计的基本思想是根据 PLA 结构，安排每个积项占一条积项线，在不同输出函数中如有相同积项，则共享。每个输出函数有 n 个积项，就在或阵列上将它的纵向线与相关的 n 个积项线相连。

简单地说，用 PLA 实现组合逻辑函数时，先将函数化简为最简与或式，再把对应的与项或起来即可。

我们利用 PLA 器件来实现如下组合逻辑函数的功能：

$O_1=\overline{A}\overline{B}\overline{C}+BC$

$O_2=AB+AC$

$O_3=A\overline{B}+AC$

则对应的 PLA 器件的与阵列和或阵列的编程情况如图 5-20 所示。

由于信号通过编程节点传输需要花费更多的时间，因此，PLA 器件的与阵列和或阵列在编程后，其运算速度与具有相同功能的 PROM 器件相比要慢。

3. PAL 器件

PLA 的与阵列和或阵列都可以编程，方便了设计工作，但是算法复杂，器件运行速度下降。为了克服 PLA 器件速度慢的问题，设计人员于 20 世纪 70 年代末期推出了一种新型的器件：可编程阵列逻辑（Programmable Array Logic，PAL）器件。PAL 器件的结构与 PROM 正好相反，与阵列是可编程的，而或阵列则是固定的。未编程的 PAL 器件的结构如图 5-21 所示。由于 PAL 器件中只有与阵列是可以编程的，因此，PAL 器件的速度快于 PLA 器件。但是，由于 PAL 器件中输入或阵列的与项（乘积项）是固定的，因此，PAL 器件在逻辑功能上存在一定的局限性。

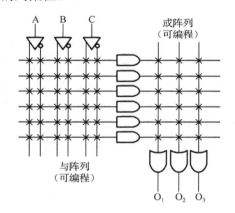

图 5-19 未编程的 PLA 结构

图 5-20 编程的 PLA 结构

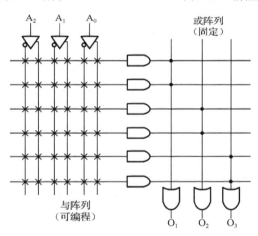

图 5-21 未编程的 PAL 器件的结构

4. GAL 器件

GAL 是在 PAL 的基础上发展起来的，具有和 PAL 相同的与或阵列，即可编程的与阵列和固定的或阵列。不同的是它采用了电可擦除、可编程的 E^2 PROM 工艺制作，可以用电信号擦除并反复编程上百次。GAL 器件的输出端设置了可编程的输出逻辑宏单元（Output Logic Macro Cell，OLMC），可以将 OLMC 设置成不同的输出方式。这样，同一型号的 GAL 器件可以实现 PAL 器件所有的输出电路工作模式，可取代大部分 PAL 器件，因此，它称为通用可编程逻辑器件。

5.1.3 复杂可编程逻辑器件（CPLD）

为了进一步提高 SPLD 器件的速度、性能和集成度，出现了复杂可编程逻辑器件。1984 年 Altera 公司推出了新一代集成了 CMOS 和 EPROM 工艺的 CPLD 器件。CMOS 工艺的运用有利于提高芯片的集成度，并极大地降低了功耗；而利用 EPROM 单元来进行编程，可以极大地方便系统的原型设计和产品开发。

不同厂商生产的 CPLD 器件存在一定差异，但是基本结构相同，如图 5-22 所示。CPLD 器件中包含多个 SPLD 模块，这些 SPLD 模块之间通过可编程的互连矩阵连接起来。在对 CPLD 器件编程时，不但需要对其中的每一个 SPLD 模块进行编程，而且 SPLD 模块之间的互连线也需要通过可编程互连阵列进行编程。不同生产厂商的不同系列 CPLD 器件所采用的可编程开关存在差异，可编程开关可以利用 EPROM、E^2PROM、Flash 或 SRAM 单元来实现。

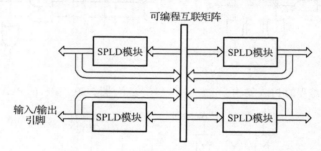

图 5-22　CPLD 器件的基本结构

CPLD 器件通常可以实现数千至上万个等效逻辑门，同时 CPLD 器件的集成度、速度和体系结构的复杂度也在不断提高。

5.1.4 现场可编程逻辑器件（FPGA）

FPGA 是一种高密度的可编程逻辑器件，自赛灵思公司 1985 年推出第一片 FPGA 以来，FPGA 的集成密度和性能提高很快，其集成密度最高达 500 万门/片以上。由于 FPGA 器件集成度高，方便易用，开发和上市周期短，在数字设计和电子生产中得到了迅速普及和应用，并一度在高密度的可编程逻辑器件领域中独占鳌头。

从 CPLD 发展到 FPGA 器件，并不仅仅是规模和集成度的进一步提升，FPGA 器件的体系结构远远复杂于 CPLD 器件，CPLD 器件更适合于实现具有更多的组合电路，而寄存器数目极受限的简单设计，同时，CPLD 器件的连线延迟是可以准确地预估的，它的输入/输出引脚数目较少；FPGA 器件更适合于实现规模更大，寄存器更加密集的针对数据路径处理的复杂设计，FPGA 器件具有更加灵活的布线策略，更多的输入/输出引脚数目。在集成度不高的设计中，CPLD 器件往往以价格优势取胜，而在更高集成度的设计中，FPGA 器件则以较低的总体逻辑开销取胜。

5.2 硬件描述语言

Verilog HDL、VHDL 这两种语言都是用于数字电子系统设计的硬件描述语言，而且都已经是 IEEE 的标准。不过相较于 VHDL 语言，Verilog HDL 更容易掌握，只要有 C 语言的编程基础，通过比较短的时间，经过一些实际的操作，可以在比较短的时间内掌握这种设计技术。而 VHDL 设计相对要难一点，这是因为 VHDL 不是很直观，需要有 Ada 编程基础。

5.2.1　Verilog HDL 简介

Verilog 是由 Gateway Design Automation 公司的工程师于 1983 年年末创立的。20 世纪 90 年代初，Verilog HDL 面向公共领域开放。1992 年，该组织寻求将 Verilog 纳入电气电子工程师学会标准 。最终，Verilog 成为了电气电子工程师学会 1364—1995 标准，即通常所说的 Verilog—95。设计人员在使用这个版本的 Verilog 的过程中发现了一些可改进之处。为了解决用户在使用此版本 Verilog 过程中反映的问题，对 Verilog 进行了修正和扩展，这部分内容后来再次被提交给电气电子工程师学会，这个扩展后的版本后来成为了电气电子工程师学会 1364—2001 标准，即通常所说的 Verilog—2001。Verilog—2001 是 Verilog—95 的一个重大改进版本，它具备一些新的实用功能，例如敏感列表、多维数组、生成语句块、命名端口连接等。目前，Verilog—2001 是 Verilog 的最主流版本，被大多数商业电子设计自动化软件包支持。

2005 年，Verilog 再次进行了更新，即电气电子工程师学会 1364—2005 标准。该版本只是对上一版本的细微修正。这个版本还包括了一个相对独立的新部分，即 Verilog—AMS。这个扩展使得传统的 Verilog 可以对集成的模拟和混合信号系统进行建模。容易与电气电子工程师学会 1364—2005 标准混淆的是加强硬件验证语言特性的 SystemVerilog（电气电子工程师学会 1800—2005 标准），它是 Verilog—2005 的一个超集，它是硬件描述语言、硬件验证语言（针对验证的需求，特别加强了面向对象特性）的一个集成。

2009 年，IEEE 1364—2005 和 IEEE 1800—2005 两个部分合并为 IEEE 1800—2009，成为了一个新的、统一的 System Verilog 硬件描述验证语言（Hardware Description and Verification Language, HDVL）。

Verilog HDL 从 C 语言中集成了多种操作符和结构，从形式上看和 C 语言有许多相似之处。

5.2.2　Verilog HDL 的基本结构

和其他高级语言一样，Verilog HDL 语言采用模块化结构，以模块集合的形式来描述数字电路系统。模块（module）是 Verilog HDL 语言中描述电路的基本单元。模块对应硬件上的逻辑实体，描述这个实体的功能或结构，以及它与其他模块的接口。它所描述的可以是简单的逻辑门，也可以是功能复杂的系统。模块的基本语法结构如下：

```
module<模块名>（<端口列表>）
<定义>
<模块条目>
endmodule
```

从这个语法结构可以看出，每个模块的内容都嵌在 module 和 endmodule 两个语句之间，每个模块实现特定的功能，模块是可以进行层次嵌套的。

根据<定义>和<模块条目>的描述方法不同，可将模块分成行为描述模块、结构描述模块，或者二者的组合。行为描述模块通过编程语言定义模块的状态和功能。结构描述模块将电路表达为具有层次概念的相互连接的子模块，其底层的元件必须是 Verilog HDL 支持的基元或已定义过的模块。

　　每个模块都要进行端口定义,并说明输入和输出,然后对模块的功能进行逻辑描述。Verilog HDL 程序的书写格式自由,一行可以写几个语句,一个语句也可以分多行写,与 C 语言有很多相似之处。除了 endmodule 语句外,每个语句的最后必须有分号。可以用/*……*/和//……对 Verilog HDL 程序的任何部分做注释。建议一个完整的源程序加上必要的注释,以增强程序的可读性和可维护性。

5.2.3　Verilog HDL 的数据类型

1. 常量

　　在程序运行过程中,其值不能被改变的量称为常量,包括数字常量和符号常量。

　　1)数字常量

　　Verilog HDL 中的数值集合由以下 4 个基本的值组成。

　　1 代表逻辑 1 或真状态,0 代表逻辑 0 或者假状态,X(或 x)代表逻辑不定态,Z(或 z)代表高阻态。

　　数字常量按照其数值类型可以分为整数和实数两种。其整数可以是二进制、八进制、十进制、十六进制数。整数定义的格式为:

<位宽>′ <基数><数值>

　　位宽是指描述常量所含的二进制位数,用十进制整数表示,是可选项,如果该项默认,则可以由常量的值推算出。基数也是可选项,可以是 b(B)、o(O)、d(D)、h(H),分别表示二进制、八进制、十进制和十六进制。基数默认为十进制。数值则是由基数所决定的表示常量真实值的一串 ASCII 码。如果基数定义为 b(B),数值可以是 0、1、X(x)、Z(z)。对于基数是 d(D)的情况,数值符可以是 0~9 的任何十进制数,但不可以是 X 或 Z。

　　2)符号数字常量

　　Verilog HDL 中,用 parameter 来定义常量,即用 parameter 来定义一个标志符,代表一个常量,称为符号常量,其功能类似于 C 语言中 const 关键词。其定义格式如下:

　　parameter　参数 1=表达式,参数名 2=表达式,……;

2. 变量

　　Verilog HDL 中变量可分为两种:一种为线型变量,另一种为寄存器型变量。

　　1)线型变量

　　线型变量是指输出始终根据输入的变化而更新其值的变量,它一般指的是硬件电路中的各种物理连接。Verilog HDL 中提供了多种线型变量,线型变量见表 5-4。

表 5-4　线型变量

类型	功能说明
wire,tri	连线类型
wor,trior	具有线或特性的连线

续表

类型	功能说明
wand,triand	具有线与特性的连线
tri1,tri0	分别为上拉电阻和下拉电阻
supply1,supply0	分别为电源（逻辑1）和地（逻辑0）

wire 型变量是一种常用的线型变量，wire 型数据常用来表示以 assign 语句赋值的组合逻辑信号。Verilog HDL 模块中输入/输出信号类型默认时自动定义为 wire 型。wire 型信号可以用任何方程式的输入，也可以用作 assign 语句和实例器件的输出。其值可以为 1、0、x、z。wire 型变量的定义格式如下：

```
wire 数据名 1, 数据名 2, ……, 数据名 n;
wire[n-1: 0]数据名 1, 数据名 2, ……, 数据名 n;
```

2）寄存器型变量

寄存器型变量对应的是具有状态保持作用的电路元器件，如触发器、寄存器等。它与线型变量的根本区别在于，寄存器型变量需要被明确地赋值，并且在被重新赋值前一直保持原值。在设计中，必须将寄存器型变量放在过程块语句中，通过过程赋值语句赋值。另外，在 always, initial 等过程块内被赋值的每一个信号都必须定义成寄存器。reg 型变量是最常用的一种寄存器型变量，它的定义格式与 wire 型类似，具体格式为：

```
reg 数据名 1, 数据名 2, ……, 数据名 n;
reg[n-1: 0]数据名 1, 数据名 2, ……, 数据名 n;
```

3．数组

若干个相同宽度的向量构成数组，寄存器型数组变量即为 memory 型变量，即可定义存储器型数据。如：

```
reg[7: 0]  buffer[1023:0];
```

该语句定义了一个 1024 字节、每个字节宽度为 8 位的存储器。若对该存储器中的某个单元赋值，则采用如下方式：

```
buffer[3]=6; //将 buffer 存储器中的第 4 个存储单元赋值为 6
buffer[2][5]=1; //将 buffer 存储器中的第 3 个存储单元的第 6 位赋值为 1
```

在 Verilog HDL 中，变量名和参数名等标志符是区分大小写字母的。

5.2.4　Verilog HDL 运算符及表达式

Verilog HDL 源代码是由大量的基本语法元素构成的，从语法结构上看，Verilog HDL 与 C 语言有许多相似之处，继承和借鉴了 C 语言的多种操作符和语法结构。Verilog HDL 的基本语法元素包括空格、注释、运算符、数值、字符串、标志符和关键字。

1. 注释

在代码中添加注释行，可以提高代码的可读性和可维护性，Verilog HDL 中注释行与 C 语言完全一致，可分为两类：一类是单行注释，以"//"开头；另一类是多行注释，以"/*"开始，以"*/"结束。

2. 运算符

由于 Verilog HDL 是在 C 语言基础上开发的，因此，两者的运算符也十分类似，在此将主要介绍与 C 语言不同的运算符功能。

1）相等和全等运算符

相等和全等运算符共有 4 个：==、!=、===、! ==，这 4 个运算符的比较过程完全相同，不同之处在于不定态或高阻态的运算。在相等运算中，如果任何一个操作数中存在不定态或高阻态，结果将是不定态；而在全等运算中，则是将不定态和高阻态看作逻辑状态的一种，同样参与比较。当两个操作数的相应位都是 X 或者 Z 时，认为全等关系成立；否则，运算结果为 0。

2）位运算符

Verilog HDL 中的位运算符与单片机 C 语言位运算符相同：&（与）、|（或）、～（非），<<（左移），>>（右移）。需要注意的是，当两个不同长度的数据进行或非位运算时，会自动地将两个位操作数按右端对齐，位数少的操作数会在高位用 0 补齐；当进行移位运算时，移出的空位用 0 填补。

3）位拼接运算符

Verilog HDL 中的位拼接运算符为{}。位拼接运算符是将两个或多个信号的某些位拼接起来。

4）缩减运算符

Verilog HDL 中的缩减运算符是单目运算符，包括以下几种：

&为与运算、～&为与非运算、|为或运算、～|为或非运算、^为异或运算、～ ^,^ ～为同或运算。

缩减运算符与位运算符的逻辑运算法则一样，但要注意 C 语言中的复合运算符与 Verilog HDL 中缩减运算符的区别，缩减运算符是对单个操作数进行与、或、非递推运算的。

5.2.5 Verilog HDL 的基本语句

1. 赋值语句

第一种为连续赋值语句。assign 是连续赋值语句，对线型变量进行赋值。其基本的描述语法为：

assign #[delay]<线型变量>=<表达式>

第二种为过程赋值语句。过程赋值语句用于对寄存器类型变量赋值，没有任何先导的关键词，而且只能够在 always 语句或 initial 语句的过程块中赋值。其基本的描述语法为：

<寄存器变量>=<表达式>； <1> 或 <寄存器变量>=<表达式>； <2>

过程赋值语句有两种赋值形式：阻塞型过程赋值（即描述方式<1>）和非阻塞型过程赋值（即描述方式<2>）。

赋值语句是 Verilog HDL 中对线型变量和寄存器型变量赋值的主要方式，根据赋值对象的不同，分为连续赋值语句和过程赋值语句，两者的主要区别如下。

（1）赋值对象不同。连续赋值语句用于给线型变量赋值，过程赋值语句完成对寄存器变量的赋值。

（2）赋值过程实现方式不同。线型变量一旦被连续赋值语句赋值后，赋值语句右端表达式中的信号有任何变化，都将实时地反映到左端的线型变量中；过程赋值语句只有在语句被执行到时，赋值过程才能够进行一次，而且赋值过程的具体执行时间还受到各种因素的影响。

（3）语句出现的位置不同。连续赋值语句不能出现在任何一个过程块中，而过程赋值语句只能出现在过程块中。

（4）语句结构不同。连续赋值语句关键词 assign 为先导；而过程赋值语句不需要任何关键词作为先导，但是，语句的赋值分别为阻塞型和非阻塞型。

2. 条件语句

Verilog HDL 中的条件语句有两种，即 if-else 语句和 case 语句。Verilog HDL 中的 if-else 语句与 C 语言中的基本相同，唯独不同的是，Verilog HDL 中的条件表达的值为 1、0、x 和 z。当条件表达式值为 1 时，执行后面的语句块；当条件表达式的值为 0、x 或 z 时，不执行后面的块语句。

1）if-else 语句

有三种格式，如下。

（1）只有 if 的格式。

```
if（条件）    表达式;        //条件成立时，只执行一条语句
if（条件）                   //条件成立时，执行多条语句
    begin                   //这些语句应写在 begin...end 块中
        表达式 1;
        表达式 2;
        ...
    end
```

（2）if…else 的格式。

```
if（条件）
    begin
        表达式 1;
        表达式 2;
        ...
    end
else                                //条件为 0、x 和 z 时，执行以下语句
        表达式 3;
```

（3）if…else 嵌套格式。

```
if（条件 1）
    begin
        表达式 1；
        表达式 2；
        …
    end
else if（条件 2）
        表达式 3；
…
else if（条件 n）
        …
else
        …
```

2）case 语句

case 语句用于有多个选择分支的情况，case 语句通常用于译码，它的一般格式如下：

```
case（表达式）
    表达式值 1：语句 1；
    表达式值 2：
            begin
                语句 2；
                语句 3；
                …
            end
    …
    分支表达式 n：语句 n；
    default：语句 n+1；
endcase
```

case 后面括号中表达式称为控制表达式，case 语句总是执行与控制表达式值相同的分支语句。

和 case 语句功能相似的还有 casex 和 casez 语句。这两条语句用于处理条件分支比较过程中存在 x 和 z 的情形，casez 语句将忽略值为 z 的位，而 casex 语句则忽略值为 x 或 z 的位。

3. 循环语句

Verilog HDL 中有以下 4 种类型的循环语句，它们用来控制执行语句的执行次数。

（1）forever 语句：连续的执行语句，用于仿真测试信号。

（2）repeat 语句：连续执行语句 n 次。

（3）while 语句：执行语句直到循环条件不成立。若初始时条件就不成立，则语句一次都不执行。

while 语句的格式如下：

```
while（表达式）    语句；
```
或

```
        while（表达式）
            begin
                    多条语句；
            end
```

（4）for 语句：通过控制循环变量，当循环变量满足判定表达式时，执行语句，否则跳出循环。

for 语句的格式如下：

for（表达式 1；表达式 2；表达式 3）　　语句；

for 语句通过 3 个步骤来实现语句的循环执行。

第一步：求解表达式 1，给循环变量赋初值。

第二步：判定表达式 2，如果为真，执行循环语句；如果为假，结束循环。

第三步：执行一次循环语句后，修正循环变量，然后返回第二步。

在 for 语句中循环变量的修正不仅限于常规的加减。

4. 结构说明语句

Verilog HDL 中，所有的描述都是通过以下 4 种结构之一实现的，即 initial 块语句、always 块语句、task 任务和 function 函数。

在一个模块内部可以有任意多个 initial 块语句和 always 块语句，两者都是从仿真的起始时刻开始执行的，但是 initial 块语句只执行一次，而 always 块语句则循环地执行，直到仿真结束。下面给出 initial 块语句和 always 块语句的应用解析。

1）initial 块语句

initial 块语句的格式如下。

```
        initial
            begin
                语句 1;
                语句 2;
                ……
                语句 n;
            end
```

2）always 块语句

always 块语句在仿真过程中是不断重复执行的，描述格式如下。

```
        always@<敏感信号表达式>
            begin
                语句 1;
                语句 2;
                ……
                语句 n;
            end
```

敏感信号表达式又称事件表达式或敏感表达式，当该表达式的值改变时，就会执行一遍块内的语句。因此，在敏感信号表达式中应列出影响块内取值的所有信号（一般是输入信号），若有两个或两个以上信号时，它们之间用"or"连接。

注意：电平敏感事件是指指定信号的电平发生变化时发生指定的行为。下面是电平触发事件控制的语法和实例。

第一种：@（<电平触发事件>）行为语句。

第二种：@（<电平触发事件 1>or<电平触发事件 2>or……or<电平触发事件 n>）行为语句。

例：电平边沿触发计数器。

```
reg[4:0]cnt;
always@ (a or b or c)
begin
    if(reset)
        cnt<=0;
    else
        cnt<=cnt+1;
end
```

其中，只要 a、b、c 信号的电平有变化，信号 cnt 的值就会加 1，这可以用于记录 a、b、c 变化的次数。

always 块语句有多种基本类型，此处分别说明。

第一种是不带时序控制的 always 块语句。由于没有时延控制，而 always 块语句是重复执行的，因此，下面的块语句将在 0 时刻无限循环。

```
always
begin
    clock=~clock;
end
```

第二种是带时序控制的 always 块语句。产生一个 50MHz 的时钟。

```
always
begin
    #100 clock=~clock;
end
```

第三种是带事件控制的 always 块语句。在时钟上升沿，对数据赋值。

```
always@ (posedge clock)
begin
    ledout_reg=8'b010101;
end
```

posedge 和 negedge 关键字。对于时序电路，事件是由时钟边沿触发的。边沿触发事件是指指定信号的边沿信号跳变时发生指定的行为，分为信号的上升沿和下降沿的控制。上升沿用 posedge 关键字来描述，下降沿用 negedge 关键字描述。边沿触发事件控制的语法格式如下。

第一种：@（<边沿触发事件>）行为语句。

第二种：@（<边沿触发事件 1>or<边沿触发事件 2>or……or<边沿触发事件 n>）行为语句。

例如：

```
always@ (posedge clock)
begin
    ledout_reg=8'b010101;
end
```

posedge clock 表示时钟信号 clock 的上升沿，只有当时钟信号上升沿到来时才执行一遍后面的块语句。若为 negedge clock，则表示时钟信号 clock 的下降沿。

如边沿触发事件计数器，可以用如下程序实现：

```
reg[4:0]cnt;
always@(posedge clk)
begin
    if(reset)
        cnt<=0;
    else
        cnt<=cnt+1;
    end
```

这个例子表明：只要 clk 信号出现一次上升沿，cnt 就会自动加 1，完成正计数的功能。这种边沿计数器在数字电路中有着广泛的应用。

5.3 习题

1. 简述可编程逻辑器件的发展历史，简述不同可编程逻辑器件的特点和差别。

2. 分别用 PROM、PLA 器件实现一个全加器功能的电路并画图。

3. Verilog HDL 有多少种基本语句？各有什么特点？

4. 在 Quartus II 中采用 Verilog HDL 输入方式设计项目一中的绿灯、蓝灯和黄灯程序，建立仿真波形并运行，分析输入输出结果。

TTL74系列数字电路及技术资料

　　随着集成电路技术和工艺飞速发展，TTL74LS**系列和 CMOS4000 系列作为逻辑控制电路比较完善，在自动控制、家用电器制造、计算机应用、无线电通信、机电一体化工程领域获得了广泛的应用。对于电子工程技术人员，有必要了解这类集成电路的特性及功能，甚至需要获得其详细的技术手册，以满足工作的需求。我们在这里对这类常用的集成电路进行了汇编，并对其主要的功能框图或真值表进行了介绍，以方便大家查阅。

　　TTL 电路的一般特性如下。

1. 电源电压（表 A-1）

表 A-1　电源电压

军用级（-55～+125℃）	工业品级（-40～85℃）	民用级（0～70℃）
4.5～5.5V	4.75～5.25V	4.75～5.25V

2. 工作速度（表 A-2）

　　SN54/74 为标准系列，SN54H/74H 为高速系列，SN54S/74S 为肖特基（Schottky）系列，SN54LS/74LS 为低功耗肖特基系列。

表 A-2　工作速度

	SN54/74	SN54H/74H	SN54S/74S	SN54LS/74LS
平均传输延迟时间(ns)	10	6	3	9.5
平均功耗/每门(mW)	10	22	19	2
最高工作频率(MHz)	35	55	125	45

3. 各类 TTL 电路输入特性（表 A-3）

表 A-3　各类 TTL 电路输入特性

	高电平噪声容限(mV)	低电平噪声容限(mV)
74 系列	400	400
74H 系列	400	400
74S 系列	300	700
74LS 系列	300	700

4. TTL 电路输入电流与驱动能力（表 A-4）

表 A-4　TTL 电路输入电流与驱动能力

系列	输入低电平电流 (mA)	输入高电平电流 (μA)	输出低电平电流 (mA)	输出高电平电流 (μA)	输出低电平状态扇出数 /输出高电平状态扇出数			
					74	74H	74S	74LS
74	-1.6	40	16	-400	10/10	8/8	8/8	44/20
74H	-2	50	20	-500	12.5/12.5	10/10	10/10	55/25
74S	-2	50	20	-1000	12.5/12.5	10/20	10/20	55/50
74LS	-0.4	20	8	400	5/4	4/8	4/8	20/20

5. TTL 电路的输出特性

门电路的高低电平输出特性见表 A-5，对于图腾柱输出结构，由于输出状态改变时，两个输出推动管可能会产生同时导通的现象，继而会出现脉冲尖峰，为克服这个问题，一般可在数个门电路中接上一个 0.01～0.1 的小电容，以消减尖峰脉冲。电容的取值以越小越好为原则，电容量太大，会对其工作速度构成影响。

表 A-5　门电路的高低电平输出特性

	最大逻辑低电平输入电压（V）	最小逻辑低电平输入电压（V）	最大逻辑低电平输出电压（V）	最小逻辑低电平输出电压（V）
74 系列	0.8	2.0	0.4	2.4
74H 系列	0.8	2.0	0.4	2.4
74S 系列	0.8	2.0	0.5	2.7
74LS 系列	0.8	2.0	0.5	2.7

6. 各类 TTL 电路极限参数（表 A-6）

表 A-6　各类 TTL 电路极限参数

电源电压 （V）	输入电压 （V）	输入电流 （mA）	存储温度 （℃）	环境温度（℃）		
				军用级	工业品级	民用级
7	−0.5～5.5	−3.0～5	−65～+150	−55～+125	−40～85	0～70

7. 常用 TTL 电路型号与功能

7400	2 输入端四与非门	7415	开路输出 3 输入端三与门
7401	集电极开路 2 输入端四与非门	74150	16 选 1 数据选择/多路开关
7402	2 输入端四或非门	74151	8 选 1 数据选择器
7403	集电极开路 2 输入端四与非门	74153	双 4 选 1 数据选择器
7404	六反相器	74154	4 线—16 线译码器
7405	集电极开路六反相器	74155	图腾柱输出译码器/分配器
7406	集电极开路六反相高压驱动器	74156	开路输出译码器/分配器
7407	集电极开路六正相高压驱动器	74157	同相输出四 2 选 1 数据选择器
7408	2 输入端四与门	74158	反相输出四 2 选 1 数据选择器
7409	集电极开路 2 输入端四与门	7416	开路输出六反相缓冲/驱动器
7410	3 输入端 3 与非门	74160	可预置 BCD 异步清除计数器
74107	带清除主从双 J-K 触发器	74161	可预置四位二进制异步清除计数器
74109	带预置清除正触发双 J-K 触发器		
7411	3 输入端 3 与门	74162	可预置 BCD 同步清除计数器
74112	带预置清除负触发双 J-K 触发器	74163	可预置四位二进制同步清除计数器
7412	开路输出 3 输入端三与非门		
74121	单稳态多谐振荡器	74164	八位串行入/并行输出移位寄存器
74122	可再触发单稳态多谐振荡器		
74123	双可再触发单稳态多谐振荡器	74165	八位并行入/串行输出移位寄存器
74125	三态输出高有效四总线缓冲门		
74126	三态输出低有效四总线缓冲门	74166	八位并入/串出移位寄存器
7413	4 输入端双与非施密特触发器	74169	二进制四位加/减同步计数器
74132	2 输入端四与非施密特触发器	7417	开路输出六同相缓冲/驱动器
74133	13 输入端与非门	74170	开路输出 4×4 寄存器堆
74136	四异或门	74173	三态输出四位 D 型寄存器
74138	3-8 线译码器/复工器	74174	带公共时钟和复位六 D 触发器
74139	双 2-4 线译码器/复工器	74175	带公共时钟和复位四 D 触发器
7414	六反相施密特触发器	74180	9 位奇数/偶数发生器/校验器
74145	BCD—十进制译码/驱动器	74181	算术逻辑单元/函数发生器

7438	开路输出 2 输入端四与非缓冲器		动器
74380	多功能八进制寄存器	74450	16:1 多路转接复用器多工器
7439	开路输出 2 输入端四与非缓冲器	74451	双 8:1 多路转接复用器多工器
74390	双十进制计数器	74453	四 4:1 多路转接复用器多工器
74393	双四位二进制计数器	7446	BCD—7 段低有效译码/驱动器
7440	4 输入端双与非缓冲器	74460	十位比较器
7442	BCD—十进制代码转换器	74461	八进制计数器
74352	双 4 选 1 数据选择器/复工器	74465	三态同相 2 与使能端八总线缓冲器
74353	三态输出双 4 选 1 数据选择器/复工器	74466	三态反相 2 与使能八总线缓冲器
74365	门使能输入三态输出六同相线驱动器	74467	三态同相 2 使能端八总线缓冲器
74366	门使能输入三态输出六反相线驱动器	74468	三态反相 2 使能端八总线缓冲器
74367	4/2 线使能输入三态六同相线驱动器	74469	八位双向计数器
74368	4/2 线使能输入三态六反相线驱动器	7447	BCD—7 段高有效译码/驱动器
7437	开路输出 2 输入端四与非缓冲器	7448	BCD—7 段译码器/内部上拉输出驱动
74373	三态同相八 D 锁存器反相八 D 锁存器	74490	双十进制计数器 74491，十位计数器
74375	4 位双稳态锁存器	74498	八进制移位寄存器
74377	单边输出公共使能八 D 锁存器	7450	2-3/2-2 输入端双与或非门
74378	单边输出公共使能六 D 锁存器	74502	八位逐次逼近寄存器
74379	双边输出公共使能四 D 锁存器	74503	八位逐次逼近寄存器
7438	开路输出 2 输入端四与非缓冲器	7451	2-3/2-2 输入端双与或非门
74380	多功能八进制寄存器	74533	三态反相八 D 锁存器
7439	开路输出 2 输入端四与非缓冲器	74534	三态反相八 D 锁存器
74390	双十进制计数器	7454	四路输入与或非门
74393	双四位二进制计数器	74540	八位三态反相输出总线缓冲器
7440	4 输入端双与非缓冲器	7455	4 输入端二路输入与或非门
7442	BCD—十进制代码转换器	74563	八位三态反相输出触发器
74447	BCD—7 段译码器/驱动器	74564	八位三态反相输出 D 触发器
7445	BCD—十进制代码转换/驱	74573	八位三态输出触发器
		74574	八位三态输出 D 触发器
		74645	三态输出八同相总线传送接收器
		74670	三态输出 4×4 寄存器堆
		7473	带清除负触发双 J-K 触发器

4000系列数字集成芯片型号与功能索引

CD4517	双 64 位静态移位寄存器	CD4544	BCD 七段锁存译码,驱动器
CD4518	双 BCD 同步加计数器	CD4547	BCD 七段译码/大电流驱动器
CD4519	四位与或选择器		
CD4520	双 4 位二进制同步加计数器	CD4549	函数近似寄存器
CD4521	24 级分频器	CD4551	四 2 通道模拟开关
CD4522	可预置 BCD 同步 1/N 计数器	CD4553	三位 BCD 计数器
CD4526	可预置 4 位二进制同步 1/N 计数器	CD4555	双二进制四选一译码器/分离器
CD4527	BCD 比例乘法器	CD4556	双二进制四选一译码器/分离器
CD4528	双单稳态触发器		
CD4529	双四路/单八路模拟开关	CD4558	BCD 八段译码器
CD4530	双 5 输入端优势逻辑门	CD4560	"N" BCD 加法器
CD4531	12 位奇偶校验器	CD4561	"9" 求补器
CD4532	8 位优先编码器	CD4573	四可编程运算放大器
CD4536	可编程定时器	CD4574	四可编程电压比较器
CD4538	精密双单稳	CD4575	双可编程运放/比较器
CD4539	双四路数据选择器	CD4583	双施密特触发器
CD4541	可编程序振荡/计时器	CD4584	六施密特触发器
CD4543	BCD 七段锁存译码,驱动器		

参 考 文 献

[1] 阎石.数字电子技术基础 [M].5 版. 北京：高等教育出版社，2006.

[2] 康华光.电子技术基础数字部分[M]. 5 版.北京：高等教育出版社，2006.

[3] 张志良. 数字电子技术基础[M].北京：机械工业出版社，2012.

[4] 江小安. 数字电子技术[M].北京：电子工业出版社，2015.

[5] www.21ic.com

参 考 文 献

[1] ...

[2] ...

[3] ...

[4] ...

[5] www.xilinx.com/...